No.1決定トーナメント!!

幻獣&妖怪タッグ最強王図鑑

Gakken

はじめに

幻獣とは？ 妖怪とは？ いったい何者なのだろうか。古くから認識されているにもかかわらず、探れば探るほどわからないことだらけだ。本書の監修をしている私も日々、頭を抱えている。彼らは歴史を振り返ると、数多くの物語の中で激しい戦いを繰り返していたことがわかる。そのあたりは本書の巻末にある「出典」の欄の書籍を確認してみれば多くの知識を得られるだろう。

彼らの側面のひとつとして「ふだんは隠している人間の行いや気持ちを代弁する」ところがある、と私は考えている。そしてバケモノたちのバトルをのぞくことで、そうした彼らの性質だけでなく、隠された人間の姿が浮き彫りになる、とも言えるのだ。つまり幻獣や妖怪を知るということは、私たち自身を理解することにもつながる、かもしれない。

そんな無限の可能性を持つであろう幻獣と妖怪が、今回はそれぞれタッグを組んで闘うこととなった。ふだんは、けっして隣に並んだりしないあのバケモノとこのバケモノがチームを組むことにより、それぞれの能力や威力は倍増。いつの間にか、お互いの絆も深まっていく、という展開も見られると予想される。実は、今回のように幻獣と妖怪とが相まみえるのは『異種最強王図鑑〜闇の王者決定戦編〜』以来、本シリーズで2回目のこと。何度も闘うということは、それだけ負けられない理由があるに違いない。想いを遂げた先で彼らが何を手にするのか、その関係性はどう変わるのか。想像をたくましくして読み進めてほしい！

——— 監修・木下昌美

対戦ト―

山ン本五郎左衛門
狒々

第1回戦-1　P.022

ミノタウロス
ケンタウロス

第2回戦-1　P.078

両面宿儺
大百足

第1回戦-2　P.028

ゴーレム
ヴァンパイア

準決勝-1　P.108

酒呑童子
大嶽丸

第1回戦-3　P.034

決勝　P.122

キマイラ
ケルベロス

第2回戦-2　P.084

九尾の狐
鬼女紅葉

第1回戦-4　P.042

ロック鳥
ナーガ

004

	だいだらぼっち 海坊主	
第1回戦-5　P.048		
	フロストジャイアント イフリート	
第2回戦-3 P.092		
	大天狗 土蜘蛛	
第1回戦-6　P.054		
	リッチ スライム	
準決勝-2 P.114		
	八岐大蛇 雪女	
第1回戦-7　P.062		
	アルゴス スキュラ	
第2回戦-4 P.098		
	龍神 手長足長	
第1回戦-8　P.068		
	グリフォン バジリスク	

【第1章】第1回戦

第1回戦-1　P.022　山ン本五郎左衛門＆猞々　VS　ミノタウロス＆ケンタウロス

第1回戦-2　P.028　両面宿儺＆大百足　VS　ゴーレム＆ヴァンパイア

第1回戦-3　P.034　酒呑童子＆大嶽丸　VS　キマイラ＆ケルベロス

第1回戦-4　P.042　九尾の狐＆鬼女紅葉　VS　ロック鳥＆ナーガ

【第2章】第2回戦

第2回戦-1　P.078

第1回戦-1 の勝者 **VS** 第1回戦-2 の勝者

第2回戦-2　P.084

第1回戦-3 の勝者 **VS** 第1回戦-4 の勝者

第2回戦-3　P.092

第1回戦-5 の勝者 **VS** 第1回戦-6 の勝者

第2回戦-4　P.098

第1回戦-7 の勝者 **VS** 第1回戦-8 の勝者

【第3章】準決勝・決勝

準決勝-1　P.108

第2回戦-1 の勝者 **VS** 第2回戦-2 の勝者

準決勝-2　P.114

第2回戦-3 の勝者 **VS** 第2回戦-4 の勝者

決勝　P.122

準決勝-1 の勝者 **VS** 準決勝-2 の勝者

目次

基礎知識・設定
- ○ チーム紹介 P.010
- ○ ルール P.014
- ○ ページの見方 P.015
- ○ 幻獣・妖怪の基礎知識 P.016
- ○ 用語集 P.134
- ○ 選手データ P.136

コラム
- コラム① 幻想世界の植物たち P.040
- コラム② 中国の架空の生物たち P.060
- コラム③ 幻獣・妖怪たちの特殊能力、武器 P.090
- コラム④ タッグを超えた「軍団バトル」!! ～天使軍団&悪魔軍団を解説～ P.130

ランキング
- RANKING-1 パワー／スタミナ P.076
- RANKING-2 防御力／タフネス P.106
- RANKING-3 知能／スピード P.128
- RANKING-4 魔力／抗魔力 P.129

エキシビション

エキシビション-1 P.074 百目鬼&ウェンディゴ VS 鬼熊&メドゥーサ

エキシビション-2 P.104 温羅&タロス VS 隠神刑部狸&ワーウルフ

エキシビション-3 P.120 ぬりかべ&フンババ VS オハチスエ&刑天

チーム紹介

山本五郎左衛門 & 狒々
怪異の魔王と剛腕なる野獣

- パワー: 8
- 知能: 8
- 魔力: 8
- 防御力: 7
- 抗魔力: 6
- タフネス: 8
- スタミナ: 10
- スピード: 6

敏捷性とパワーに秀でた狒々と、妖力が高く、数々の不思議を引き起こす山本五郎左衛門。知能も高い山本がチームを指揮し、狒々の攻撃力をうまく活用するだろう。

ミノタウロス & ケンタウロス
戦巷の凶獣と腕利きの武芸者

- パワー: 7
- 知能: 6
- 魔力: 5
- 防御力: 7
- 抗魔力: 5
- タフネス: 7
- スタミナ: 7
- スピード: 7

機動力があり、武器を使いこなすケンタウロスと、パワフルで突進力も防御力もあるミノタウロス。戦い慣れした戦士2体が、動物の能力をフルに活かしてパワフルに戦う！

両面宿儺 & 大百足
異形の鬼神と進撃の巨大虫

- パワー: 9
- 知能: 6
- 魔力: 5
- 防御力: 8
- 抗魔力: 8
- タフネス: 8
- スタミナ: 8
- スピード: 7

巨大かつ凶暴で、突進力に長ける大百足と、手足が4本ずつ、頭が2つある武芸の達人の両面宿儺。両面宿儺が指揮官となり、大百足のパワーを活かした戦法が必勝パターン！

ゴーレム & ヴァンパイア
痛みなき魔導人形と不死なる夜王

- パワー: 8
- 知能: 7
- 魔力: 6
- 防御力: 8
- 抗魔力: 6
- タフネス: 8
- スタミナ: 6
- スピード: 6

疲れも痛みも感じないタフなゴーレムと、不死身の体をもち、戦闘力も高いヴァンパイア。知能の高いヴァンパイアが命令に忠実なゴーレムをうまく動かして、しぶとく戦う！

010

酒呑童子 & 大嶽丸

鬼の大将と神通力を操る鬼神魔王

- パワー 8
- 知能 7
- 魔力 8
- スピード 6
- 防御力 10
- スタミナ 8
- タフネス 8
- 抗魔力 7

鬼のなかでも、知勇のバランスに優れる酒呑童子と、パワーだけでなく、神通力も使いこなす大嶽丸。力も技も知能も兼ね備えているので、総合的に見て優勝候補の一角。

キマイラ & ケルベロス

暴れ者の合成獣と地獄の番犬

- パワー 7
- 知能 5
- 魔力 5
- スピード 8
- 防御力 6
- スタミナ 8
- タフネス 7
- 抗魔力 6

3つの頭をもち、連続攻撃も可能なケルベロスと、ライオンとヤギなどの合成獣で、牙や角などの武器をもつキマイラ。どちらも獰猛で、攻撃力と手数の多さで敵を圧倒する。

九尾の狐 & 鬼女紅葉

国を滅ぼす妖狐と紅蓮を纏う鬼女

- パワー 5
- 知能 9
- 魔力 10
- スピード 8
- 防御力 6
- スタミナ 6
- タフネス 6
- 抗魔力 6

妖術に優れ、悪知恵が働く九尾の狐と、魔王の力をもち、妖術に長けている鬼女紅葉。妖術中心のチームなので、敵を策に陥れるような、知略で勝利を手繰り寄せるだろう。

ロック鳥 & ナーガ

伝説の巨大鳥と天候を支配する蛇神

- パワー 7
- 知能 7
- 魔力 7
- スピード 7
- 防御力 6
- スタミナ 7
- タフネス 8
- 抗魔力 6

巨大でパワーもあるロック鳥と、天候操作の神通力をもち、生命力も強いナーガ。ロック鳥の攻撃力が中心となるので、ナーガがうまくサポートに回って効果的に戦いたい。

だいだらぼっち＆海坊主

国造りの大巨人と大海原の怪物

巨体を武器に、パワーと防御力に優れただいだらぼっちと、海を荒れさせる能力があり、物理ダメージが効かない海坊主。高い攻撃力と防御力で、敵を圧倒するのは間違いない。

フロストジャイアント＆イフリート

知勇あふれる氷の巨人と燃える炎の魔神

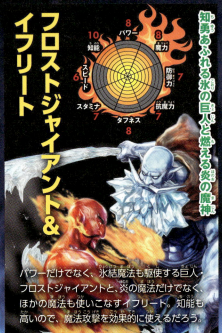

パワーだけでなく、氷結魔法も駆使する巨人・フロストジャイアントと、炎の魔法だけでなく、ほかの魔法も使いこなすイフリート。知能も高いので、魔法攻撃を効果的に使えるだろう。

大天狗＆土蜘蛛

翼の神通力使いと人喰らいの妖術使い

神通力でさまざまな不思議を引き起こし、剣術にも秀でる大天狗と、パワータイプながら、妖術も使いこなす土蜘蛛。力も技も優秀で、空中と地上からの両面攻撃で敵を撃破！！

リッチ＆スライム

死を超越した魔術師と変幻自在のゼリー

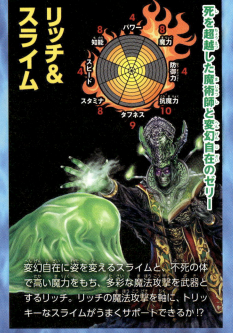

変幻自在に姿を変えるスライムと、不死の体で高い魔力をもち、多彩な魔法攻撃を武器とするリッチ。リッチの魔法攻撃を軸に、トリッキーなスライムがうまくサポートできるか！？

八岐大蛇 & 雪女

神も恐れる大蛇と雪と冷気の美女

- 知能 5
- パワー 9
- 魔力 6
- スピード 5
- 防御力 8
- スタミナ 7
- タフネス 9
- 抗魔力 5

8本の首がそれぞれ独自に動き、巨体を誇る八岐大蛇と、雪や冷気を操って確実に敵の動きを止める雪女。八岐大蛇を活かすため、雪女が敵の動きを封じられるかがポイント！

アルゴス & スキュラ

百目の死角なき戦士と多頭の海の怪物

- 知能 8
- パワー 8
- 魔力 6
- スピード 6
- 防御力 9
- スタミナ 8
- タフネス 10
- 抗魔力 7

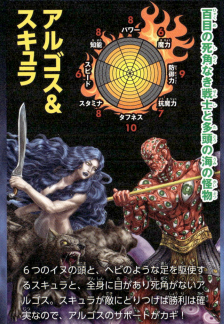

6つのイヌの頭と、ヘビのような足を駆使するスキュラと、全身に目があり死角がないアルゴス。スキュラが敵にとりつけば勝利は確実なので、アルゴスのサポートがカギ！

龍神 & 手長足長

嵐を起こす水神と長い手足の巨人コンビ

- 知能 7
- パワー 7
- 魔力 8
- スピード 6
- 防御力 7
- スタミナ 8
- タフネス 7
- 抗魔力 7

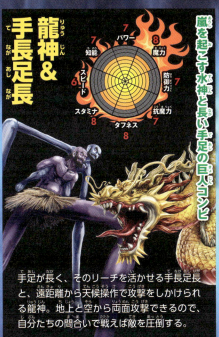

手足が長く、そのリーチを活かせる手長足長と、遠距離から天候操作で攻撃をしかけられる龍神。地上と空から両面攻撃できるので、自分たちの間合いで戦えば敵を圧倒する。

グリフォン & バジリスク

荒ぶる空の覇者と静かなる劇毒の王者

- 知能 5
- パワー 6
- 魔力 8
- スピード 9
- 防御力 5
- スタミナ 7
- タフネス 6
- 抗魔力 6

空を飛び回り、鋭いクチバシや爪で攻撃するグリフォンと、毒を撒き散らし、石化させる邪眼ももつバジリスク。グリフォンがサポートし、バジリスクが石化できれば勝機はある。

013

ルール

Rule 1 トーナメントの組み合わせは抽選により決定される。

Rule 2 トーナメントに出場する幻獣・妖怪たちは、その種のなかで一般的な大きさの個体とする。

Rule 3 おとなしく戦いを好まない穏やかな性質の幻獣・妖怪でも、最初から戦わずに逃走することはないものとする。

Rule 4 戦いの舞台はどちらか一方のハンデにならないように設定される。戦闘開始後に、どちらかが自分の好む環境へと相手を誘い込むことは認められる。

Rule 5 戦いは極端な悪天候では行われないものとする。ただし、戦闘開始後に能力を使って天候操作を行うことは認められる。

Rule 6 戦いは基本的に昼間に行われるが、夜行性の幻獣・妖怪が戦う場合には、夜間に戦いが行われる。

Rule 7 戦闘中の行動範囲についての制限はない。飛べない相手に対して空を飛んで離れたり、森や水中に身を隠しても、戦闘意欲を失っていなければ問題はない。

Rule 8 戦いは時間無制限で行われる。1体が脱落しただけではバトルは終わらず、2体が撃破された時点で戦闘終了となる。

Rule 9 ベストの状態で力を比較するため、戦いで受けた傷や疲労は次の戦いまでに完治するものとする。

戦いの舞台について

対戦は平原や森林、岩場など、幻獣・妖怪たちが能力を活かせる場所が舞台となる。生息地域が大きく異なる幻獣・妖怪の対戦では、両者が実力を発揮しやすいように、それぞれの生息環境に近い舞台が用意される。

勝敗について

相手チームに戦闘続行が難しいほどの重傷を負わせるか、逃走、または動きを封じて行動不能にさせれば勝利。時間が経てば死んでしまうような重いケガを負っても、上記の勝利条件を満たせば勝者となる。

環境を利用した戦い方が勝利につながることもあるかも?

激戦を勝ち抜き頂点に立つのはどのチーム?

ページの見方

幻獣・妖怪について

❶ **ラウンド**：何回戦目かを表しています。　❷ **戦う幻獣、妖怪の名前**：いくつか呼称がある場合、一般的なものを表記しています。　❸ **レーダーチャート**：パワー、魔力、防御力、抗魔力、タフネス、スタミナ、スピード、知能を10段階で評価しています。数値は伝承をもとに、編集部独自の判断をしています。評価はチームの総合力を示しています。トーナメントに出場する、すべての幻獣、妖怪の能力を比較して設定しているため、同じ幻獣、妖怪がほかの「最強王図鑑」シリーズに登場したときの評価とは異なる場合があります。　❹ **戦う幻獣、妖怪の大きさ比較**：一般的な大人の男性（身長 170 センチ）と比較しています。　❺ **データ**：分類（出場者が幻獣、妖怪のどちらに属するのかを表す）、伝承地域（出場者の伝承が伝わる地域）、出典（出場者が登場する神話や伝承、記述がある書物の名前など）、戦闘体長（出場者の伝承や絵画をもとに、編集部独自に推測。出典の通りでは大きすぎる出場者については、バトルが無理なく成り立つように調整しています）。　❻ **初登場時**：チームの戦闘時の能力について解説しています。／ 2 回目以降：前回の戦いで、どのように戦っていたのかをプレイバックしています。

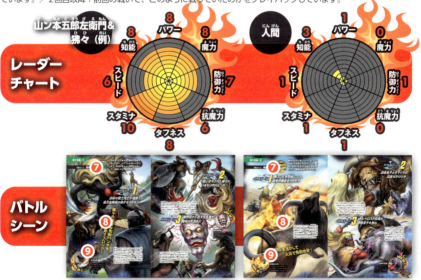

❼ **戦う場所**：お互いが不利にならない場所を設定しています。　❽ **バトルシーン**　❾ **LOCKON!!**：戦いにおいて注目したいポイントをピックアップしています。

015

幻獣・妖怪の基礎知識

トーナメントに参加するのは、幻獣と妖怪の2グループとなる。それぞれのグループと、タッグバトルの見どころを紹介しよう。

タッグバトルに参戦する種族

幻獣

『幻獣最強王図鑑』からケンタウロス、ミノタウロス、ヴァンパイア、ゴーレムなどが参戦。さらに、新たにリッチ、スキュラ、アルゴスを加えた16体が参戦する。

ミノタウロス

妖怪

『妖怪最強王図鑑』から大百足、両面宿儺、酒呑童子などが参戦。さらに、新たに山ン本五郎左衛門、海坊主、だいだらぼっち、大嶽丸、鬼女紅葉を加えた16体が参戦する。

土蜘蛛

タッグバトルの特徴❶ 同じ種族同士でチームを組む

今回のトーナメントは、幻獣、妖怪同士でタッグチームを組んでいる。人智を超えた能力を持つ選手同士が協力すれば、どんな強敵にも立ち向かえるだろう。なおエキシビションのみ、幻獣と妖怪の異種族タッグでの戦いとなっている。

ゴーレム&ヴァンパイア
怪力を誇るも知能が低いゴーレムを、知能が高くて魔法も使えるヴァンパイアがうまく指揮する。

タッグバトルの特徴❷ 相棒と協力し、強力な連携攻撃も

タッグバトルは2体が力を合わせた、連携攻撃が可能になる。挟み撃ちや不意打ち、相棒が苦手なことをサポートしたりと、さまざまな連携攻撃が見られるだろう。また、強敵を倒すための作戦をたてるなど、頭を使った攻撃も、結果を左右する重要な要素だ。

力を合わせて強敵を攻略せよ！
連携攻撃を駆使すれば、不利な状況も打開することができる。コンビネーションに注目！

幻獣とはどんな存在？

幻獣はいったいどんな存在で、いつごろからいるのか？
ここでは基本的な知識を紹介しよう。

ファンタジー世界を舞台にしたゲームや小説、映画などに登場し、おなじみの存在になってきつつある「幻獣」。一般に、海外の神話や伝承などに登場する不思議な生き物を指す場合が多い。しかし、辞典などに掲載されることはまれで、その意味は未だに定まっていないと思われる。その意味するところが明確に定義化されるのはこれからなのだろう。

「幻獣」は、現段階では幅広い意味を含むので、例えば日本で「妖怪」と呼ばれているものも、その一種と捉えることはできる。ただし、本書では日本の妖怪を除いて、海外の怪物を「幻獣」として考えることにしたい。

フロストジャイアント
北欧神話で、神々のライバルとして立ちはだかる巨人族。たくましい肉体と、優れた知能を持つ。

グリフォン
上半身がワシ、下半身がライオンあるいは馬という姿の幻獣。上空からの強襲が得意なハンター。

幻獣はいつごろ生まれた？

上記の通り「幻獣」という言葉の意味が明確でないため、どの時点で生まれたかを示すのは難しいところである。ただし古代より、世界でも日本でも幻獣のような、不思議な生きものは確認されている。時にその存在が洞窟の壁画に描かれることもあれば、神々と戦うこともある。その多くが人智を越えたものであるが、そうしたところも幻獣の特徴のひとつかもしれない。

また、現代ほど世界中を自由に旅行できなかった時代には、遠く離れた地域に棲む生物について間違った情報が伝わることもある。そうした伝聞から生まれた幻獣もいる。

ロック鳥
大型旅客機並みの大きさを誇る巨大な鳥。はばたきだけで、台風のような突風を起こしてしまう。

キマイラ
ギリシア神話に登場する、ライオン、ヤギ、毒ヘビが合体した幻獣。口から火炎をも吐くという。

妖怪とはどんな存在？

妖怪と幻獣の違いとは何だろう？
戦いの幕が上がる前に、確認してみよう。

　妖怪と幻獣は同じとは言い切れないが、重なる部分も少なからずある。古くから、理解できないモノやコトに対して、鬼や天狗といった存在であらわすことがあった。時代がくだると種類は増え、今ではさまざまな不思議にそれぞれの名が与えられ、ひと括りに「妖怪」という言葉で示されることがある。

　そしてそれだけ数があるということは、各々の特徴も多様になっていくというもの。怖い面もあれば、おもしろい、可愛いといった面もある。妖怪には時と場合により、いろいろな姿を見せる奥深さがあり、そこが魅力のひとつでもあるだろう。

酒呑童子
京都府大江山に棲む鬼の頭領。京の都で人々をさらったり、食ったりと、悪事の限りを働いた。

海坊主
突如夜の海に現れ、船を破壊したり、乗り手をさらったりする巨人。出現時には、海が荒れる。

妖怪はいつごろ生まれた？

　「妖怪」は中国を起源とする言葉であり、日本では古く『続日本紀』(8世紀)の中で、777年の条に「妖怪」という言葉が登場している(「大祓、宮中にしきりに、妖怪あるためなり」)。

　そもそもは凶事の前兆や、人の知恵では理解できない不思議な現象などを指して「妖怪」という言葉が使われることがあった。次第に実在の人物や史実をもとにした物語なども生まれ、その中で人間と対比するようにして彼らは活躍し、認知度が高まったのだろう。

　「妖怪」が持つ意味や姿かたち、名前は、時代により変化しながらも、古い時代から今もなお語り継がれている。

八岐大蛇
日本神話に登場する8つの頭と8つの尾をもつ大蛇。日本最古にして最大級の妖怪と呼べるだろう。

大天狗
高い神通力を誇る、山に棲む妖怪。牛若丸（源義経）に武芸を教えたのも、天狗だといわれる。

幻獣・妖怪の武器

幻獣も妖怪も、実在の生物よりもはるかに強力な存在だ。
彼らがどのような武器で戦うのか、代表的なものを紹介しよう。

体そのものが武器

鋭い爪や牙といったものが武器となる者は多く、大ダメージを与えることができる。怪力や高い運動能力などの身体的特徴も、幻獣や妖怪たちの大きな武器となる。

スキュラ

大百足

術

知能が高い者の中には、術を使う者がいる。幻術で分身を作ったり、火炎魔法で強力な攻撃をしたり、使いどころによっては、危機を脱することも可能だ。

リッチ

九尾の狐

特殊能力や道具

石化や蘇生、天候操作といった特殊能力も、大きな強みとなるだろう。また、人間と同じような道具を扱う者は多いが、その中には特殊能力を秘めた道具もある。

バジリスク

大嶽丸

高い知能

人型の幻獣や妖怪の中には、人間並みか、それ以上の知能をもつ者もいる。作戦をたてたり、罠をしかけたりと、いろいろな策を考えられるのは、大きな強みだ。

アルゴス

山ン本五郎左衛門

●本書は神話や伝承に登場する幻獣や妖怪を、「戦う力」という観点で紹介した本です。そのための表現方法として、本書のなかで「トーナメント戦」を繰り広げています。本書での戦いでの勝敗が、「神話・伝承」、また、出場者そのものの優劣や価値を決めるものではありません。

●本書の「ルール」(14ページ)にあるとおり、戦いの勝者が受けた傷や疲労は次の戦いまでに回復します。戦いの中で脱落した者も、チームが勝ち上がれば、次の戦いでは無傷で復活します。同様に、戦いの敗者も傷や疲労は回復しています。

●本書で再現している幻獣や妖怪の戦闘は、実際にあったものではありません。出場者たちの戦いは、さまざまな文献や資料に記述されている能力を考慮したうえで、編集部独自でシミュレーションしたものです。最新の研究や考察をもとにしていますが、今後、研究や考察が進められることにより、新たな能力が発見される可能性もあります。

●幻獣や妖怪の姿、能力などの情報は、本書の制作にあたって、改めて再検討しました。したがって、ほかの「最強王図鑑」シリーズや、監修者のほかの著書とは異なっている場合があります。本書に掲載されている情報は、さまざまな文献や資料に記載された最新の情報をもとに、編集部独自で精査したものです。

●「ランキング」はレーダーチャートの数値だけでなく、神話や伝承、文献の記述をもとに、所有する武器や道具の能力も含め、編集部独自の判断基準で順位を決定しています。

第1回戦-1

山ン本五郎左衛門 & 猸々

怪異の魔王と剛腕なる野獣

パワー 8 / 魔力 8 / 防御力 7 / 抗魔力 6 / タフネス 6 / スタミナ 10 / スピード 6 / 知能 8

山ン本五郎左衛門（上）
多くの妖怪たちを従えるボス。魔王としての力を秘め、数々の不思議を発生させる。

- 分類……………妖怪
- 伝承地域………広島県
- 出典……………『稲生物怪録』
- 戦闘体長………2m

猸々（下）
身軽で力もあるサルの妖怪。人間を引き裂くなど、凶暴さもトップクラスを誇る。

- 分類……………妖怪
- 伝承地域………各地の山間部
- 出典……………『和漢三才図会』など
- 戦闘体長………3m

魔王・山ン本の高い指揮能力に注目

猸々は、敏捷性とパワーだけでなく、妖力も使いこなす猛者。山ン本五郎左衛門は、妖力が高く、数々の不思議を引き起こすのに加えて、部下の妖怪たちの統率力もある。知能が高い山ン本がチームを指揮し、猸々の攻撃力をうまく活かすような戦いが理想的だ。

大きさの比較

ミノタウロス & ケンタウロス

戦斧の凶獣と腕利きの武芸者

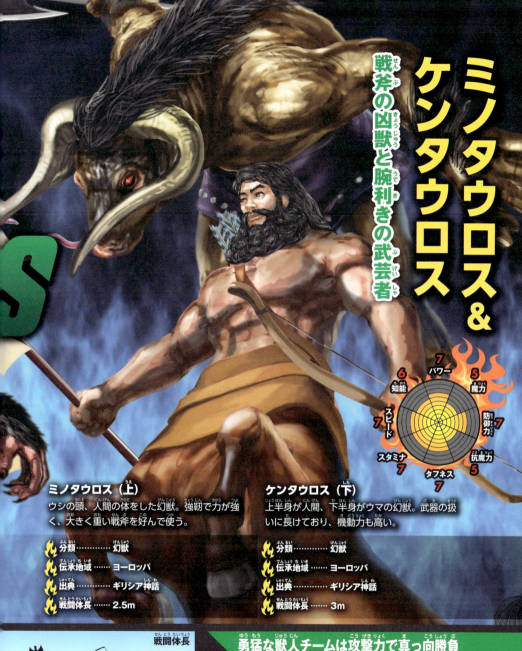

	パワー	7
知能		6
魔力		5
スピード		7
防御力		7
スタミナ		7
抗魔力		5
タフネス		7

ミノタウロス（上）
ウシの頭、人間の体をした幻獣。強靭で力が強く、大きく重い戦斧を好んで使う。

- 分類 …………… 幻獣
- 伝承地域 ……… ヨーロッパ
- 出典 …………… ギリシア神話
- 戦闘体長 ……… 2.5m

ケンタウロス（下）
上半身が人間、下半身がウマの幻獣。武器の扱いに長けており、機動力も高い。

- 分類 …………… 幻獣
- 伝承地域 ……… ヨーロッパ
- 出典 …………… ギリシア神話
- 戦闘体長 ……… 3m

戦闘体長

勇猛な獣人チームは攻撃力で真っ向勝負

ケンタウロスは多彩な武器を使いこなす武人で、ウマとしての機動力も兼ね備えている。ミノタウロスは見た目どおりパワフルな戦士で、ウシのような突進力と防御力もある。戦い慣れた獣人コンビなので、動物の能力を活かしたパワフルな戦いに持ち込めるかがカギとなる。

バトルシーン 2
狙い撃ちされた狒々がいきなりの大ピンチ

爪攻撃でラッシュをかける狒々だが、ミノタウロスの体が頑丈すぎるためダメージを与えられない。この状況を有利と見たケンタウロスは、山の本を狙うのをやめ、槍で狒々に突進突き。狒々は、持ち前の素早さで槍攻撃をかわすが、バランスを崩して後ろに転倒してしまった。

バトルシーン 3
突然現れた巨大な生首で戦場は大混乱に

LOCK ON!!

謎の男の首
突然戦場に現れた、巨大な男の生首。頭部のあぶくからは、大量のミミズがはい出てくる。

ミノタウロスとケンタウロスが狒々にトドメを刺そうとしたその瞬間。巨大な男の首が、2体の目の前に突然出現する。この異様な光景に衝撃を受けた2体は狒々にトドメを刺せずに分断されてしまった。

第1回戦 - 1

バトルシーン 4
背後から山ン本の狡猾すぎる奇襲

ミノタウロス脱落

LOCK ON!!

魔王の怪力
魔王である山ン本の怪力は、パワフルなミノタウロスを後ろから羽交い締めにできるほど。

謎の首の正体は山ン本が召喚した妖怪だった。衝撃と驚きで狒々を見失ったミノタウロス。そのスキを見越していた山ン本は、ミノタウロスの背後に回り、その首に刀を突き立てた。

バトルシーン 5
放たれた大量のミミズに戸惑うケンタウロス

巨大な男の首の妖怪は、頭のあぶくから瘴気をまとった大量のミミズをケンタウロスに放つ。あまりに気味の悪い攻撃に、ケンタウロスは槍を振り回して必死にミミズから逃れようとする。

026

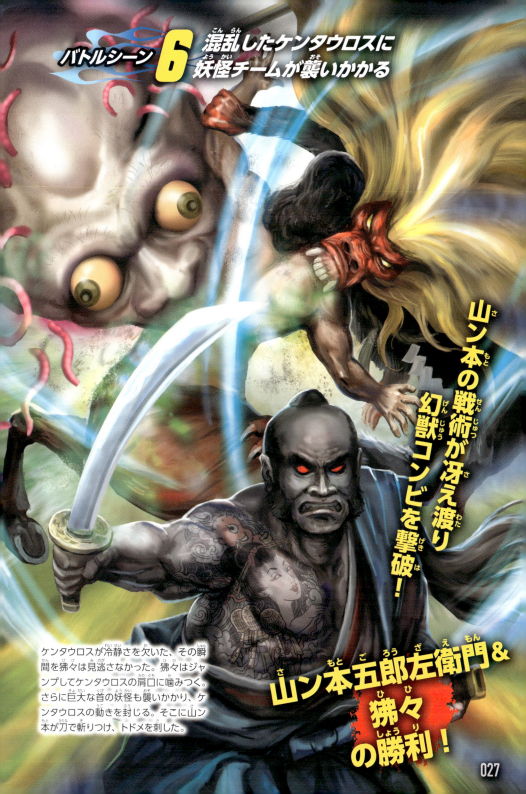

バトルシーン 6 混乱したケンタウロスに妖怪チームが襲いかかる

山本の戦術が冴え渡り幻獣コンビを撃破！

山本五郎左衛門＆狒々の勝利！

ケンタウロスが冷静さを欠いた、その瞬間を狒々は見逃さなかった。狒々はジャンプしてケンタウロスの肩口に噛みつく。さらに巨大な首の妖怪も襲いかかり、ケンタウロスの動きを封じる。そこに山本が刀で斬りつけ、トドメを刺した。

第1回戦-2

両面宿儺 & 大百足

異形の鬼神と進撃の巨虫

- パワー 9
- 知能 6
- 魔力 5
- スピード 6
- 防御力 8
- スタミナ 7
- タフネス 8
- 抗魔力 5

両面宿儺（上）
頭が2つ、手足が4本ずつあるという異形の鬼神。複数の武器を扱い、身軽に動き回る。

- 分類……………妖怪
- 伝承地域………岐阜県など
- 出典……………『日本書紀』『千光寺記』など
- 戦闘体長………3m

大百足（下）
硬い体を持つ、巨大なムカデの怪物。足が多いので、機動性・運動性に優れている。

- 分類……………妖怪
- 伝承地域………全国各地
- 出典……………『俵藤太絵巻』など
- 戦闘体長………50m

凶暴な大百足を指揮して攻め立てる

大百足は巨大かつ凶暴で、突進するだけでもその巨体が大きな脅威となる。両面宿儺は武芸の達人で、身軽さも併せもっている。大百足のパワーと、両面宿儺の4本の腕から繰り出される華麗な武器さばきのコンビネーションを活かした戦法で、勝機をつかみたいところだ。

ゴーレム & ヴァンパイア

痛みなき魔導人形と不死なる夜王

ゴーレム（上）
魔法によって命を与えられた巨大な人形。泥人形の場合もあり、主人の命令に忠実に動く。

- 分類 …… 幻獣
- 伝承地域 …… ヨーロッパ
- 出典 …… ユダヤ伝承
- 戦闘体長 …… 10m

ヴァンパイア（下）
人間に似た怪物で、死なないために人の血を吸わなければならない不死の存在となった。

- 分類 …… 幻獣
- 伝承地域 …… ヨーロッパなど
- 出典 …… ヨーロッパ伝承
- 戦闘体長 …… 2m

パワー 8 / 魔力 6 / 防御力 6 / 抗魔力 9 / タフネス 8 / スタミナ 8 / スピード 6 / 知能 7

戦闘体長 大きさの比較

死ぬまで疲れない体でしぶとく戦う

泥でできたゴーレムは、疲れ知らずで、痛みも感じないタフなパワーファイター。ヴァンパイアも不死身の体をもっており、しぶとく戦えるチームといえる。ゴーレムは命令に忠実に動くため、知能の高いヴァンパイアの考える戦術が大きなカギになるだろう。

029

第1回戦-2

対戦ステージ　城跡

不死身の体を誇る幻獣チームと、巨体の大百足と武芸の達人・両面宿儺の戦い。高い戦闘力を活かして、うまく攻め込めるかがカギ!!

バトルシーン1

大百足の連続突進で
一方的な攻勢が続く

LOCK ON !!

圧倒的な機動力
大百足は多くの関節と足があり、機動性に優れている。アゴには毒もあるので、油断できない。

大百足の突進攻撃が
ゴーレムの体を削る!

ふたつの顔をもつ両面宿儺は、戦場を広く見渡せるため、状況把握に秀でている。そこで大百足の上に乗って、大百足に特攻を命じる。パワーで押し切る作戦だが、これを見たヴァンパイアは空中へ逃げ、ゴーレムは地上で大百足の猛攻に耐えている。

030

バトルシーン 2
破壊されながらも大百足をとらえる

ゴーレムは体を張って、大百足の突進攻撃を受け止める。体の一部が崩れるほどの大きなダメージを何度もくらいつつも、ゴーレムは大百足の体に腕を巻きつけ、頭を押さえつけることに成功した。

LOCK ON!!

痛みを感じないボディ
ゴーレムの体は、疲れも痛みも感じない。そのため、長期戦に非常に有利だ。

バトルシーン 3
後方で魔法を詠唱していたヴァンパイアの一撃が炸裂！

大百足脱落

ゴーレムが大百足を捕えた瞬間、ヴァンパイアは激しい火炎魔法を放ち、ゴーレムもろとも大百足に食らわせる。ゴーレムは痛みを感じないため、火にもまったく動じないが、熱を弱点とする大百足には大きな痛手となった。大百足は火だるまになり、ゴーレムにつかまれたまま動かなくなった。

031

第1回戦-2

バトルシーン 4 弓矢の連射で急所を突く

ゴーレム脱落

ゴーレムの弱点を探る両面宿儺は、ヴァンパイアの火炎魔法でゴーレムの額の文字が少し焼け、動きが鈍ったのを見逃さない。その刻印めがけて弓矢の連撃を浴びせ、文字を削り取ると、ゴーレムの体は崩れ始めた。

額にある刻印
ゴーレムの弱点は額の文字。これが消えると「死」となり、その体は土塊と化す。

LOCK ON!!

バトルシーン 5 ヴァンパイアは吸血を狙うが両面宿儺に死角なし

地上に降りたヴァンパイアは、霧に姿を変えて両面宿儺に近づき、吸血を試みる。だが、正面は2本の腕による攻撃に阻まれ、顔が2つある両面宿儺には背後からの奇襲もできないため、近づけない。

バトルシーン 6 ヴァンパイアの投擲で衝撃のゲームセット

ここまでかと思われたヴァンパイアだったが、足元にあったゴーレムの大きな欠片を持ち上げ、両面宿儺に投げつける。ヴァンパイアの凄まじい怪力で投げられた欠片は、両面宿儺にクリーンヒットし、一撃で逆転!!

怪力で放たれた岩が両面宿儺にクリーンヒット!

ゴーレム＆ヴァンパイアの勝利!

第1回戦-3

酒呑童子 & 大嶽丸

鬼の大将と神通力を操る鬼神魔王

パワー 8
知能 7
魔力 8
スピード 6
防御力 10
スタミナ 8
タフネス 8
抗魔力 7

酒呑童子（上）
京の都で暴れ回った鬼軍団のリーダー。知能、体力に優れ、妖術も使うという。

- 分類 …………… 妖怪
- 伝承地域 ……… 京都府、滋賀県、新潟県など
- 出典 …………… 『大江山絵詞』『酒呑童子絵巻』など
- 戦闘体長 ……… 5m

大嶽丸（下）
鈴鹿山に棲む鬼神で、強大な神通力を誇る。武器を召喚したり、空を飛ぶことも可能。

- 分類 …………… 妖怪
- 伝承地域 ……… 三重県と滋賀県の県境
- 出典 …………… 『田村の草子』など
- 戦闘体長 ……… 4.5m

攻撃力が高いだけでなく悪知恵も働く

筋骨隆々で攻撃力の高い鬼のなかでも、知能が高く、戦いの経験も豊富な酒呑童子。大嶽丸も鬼の仲間で、三明の剣という3本の魔剣の加護を受け、防御面でもスキがない。力も技も知能も兼ね備えた両者だけに、協力しあって戦えば、順調に勝ち上がるのは間違いない。

大きさの比較

キマイラ & ケルベロス

暴れ者の合成獣と地獄の番犬

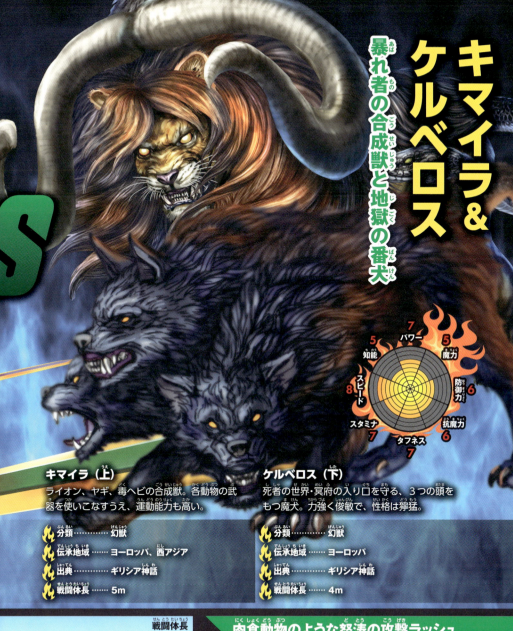

レーダーチャート:
- パワー 7
- 魔力 5
- 防御力 6
- 抗魔力 6
- タフネス 7
- スタミナ 7
- スピード 8
- 知能 5

キマイラ（上）
ライオン、ヤギ、毒ヘビの合成獣。各動物の武器を使いこなすうえ、運動能力も高い。

- 分類……………幻獣
- 伝承地域………ヨーロッパ、西アジア
- 出典……………ギリシア神話
- 戦闘体長………5m

ケルベロス（下）
死者の世界・冥府の入り口を守る、3つの頭をもつ魔犬。力強く俊敏で、性格は獰猛。

- 分類……………幻獣
- 伝承地域………ヨーロッパ
- 出典……………ギリシア神話
- 戦闘体長………4m

戦闘体長

肉食動物のような怒涛の攻撃ラッシュ

ケルベロスは3つの頭部を別々に動かせるうえに、連続攻撃も可能。キマイラはライオンの爪と牙、ヤギの角、毒ヘビの毒牙と、多彩な武器を備えている。どちらも獰猛な性格なので、獲物を狩る肉食動物のような、猛烈な攻撃力と手数の多さで相手を圧倒できるだろう。

035

第1回戦-3

対戦ステージ　荒野

戦闘力の高い鬼コンビと、パワフルな戦いを得意とする幻獣コンビ。どちらも高い攻撃力と凶暴さを有するだけに、激戦は必至となりそうだ。

バトルシーン 1　鬼コンビを警戒しつつ攻撃の機会をうかがう

スピードを活かして火炎で先制攻撃！

高温の火炎
キマイラは口から高熱の火炎を吐き出す。さすがの酒呑童子たちも、無傷とはいかない。

LOCK ON!!

ケルベロスとキマイラは、酒呑童子たちの危険な気配を察知。獲物を狙う肉食動物のように、周囲をグルグルと回りながら距離をつめていく。そして2体の鬼の位置が重なった瞬間、キマイラが激しい火炎を吐いて先手を打った。

バトルシーン 2
酒呑童子とキマイラの高度なかけひき

激しい炎に包まれたと思われたが、その瞬間、酒呑童子は火炎を金棒でパワフルに振り払い、突進する。不意をつかれたキマイラも首へ噛みつこうとするが、酒呑童子はそれも先読みし、先にキマイラの首根っこをつかんだ。

バトルシーン 3
ケルベロスの猛毒が酒呑童子を蝕む

キマイラの首をつかむ酒呑童子の右腕に、ケルベロスが噛みつく。ケルベロスの唾液に混じる猛毒が腕から注入されるが、タフな酒呑童子はキマイラをつかむ腕を決して放さなかった。

LOCK ON!!

唾液の猛毒
ケルベロスの唾液はそれ自体も猛毒だが、垂れた場所からも、猛毒のトリカブトが生えるという。

バトルシーン 6
仲間ごと巻き込む邪悪なる一撃

大嶽丸は邪悪な笑みを浮かべ、時間をかけて天を覆う黒雲を作り出していた。黒雲からくり出された落雷攻撃は、直撃したケルベロスを一瞬で焼き尽くす。弱って膝をついていた酒呑童子も、その落雷に巻き込まれ、激しいダメージを受けた。

大嶽丸の強烈な落雷攻撃がケルベロスを直撃！

酒呑童子＆大嶽丸の勝利！

コラム ❶
幻想世界の植物たち

神話や伝承の世界には特殊な動物以外に、不思議な植物も多い。そんな植物たちを紹介しよう。

引き抜くと叫ぶ薬草
マンドラゴラ

魔術などで使う幻想植物としても知られ、マンドレイクともいう。伝説では、引き抜かれるときに悲鳴をあげ、これを聞いた者は錯乱して死ぬという。鎮痛剤に使われる同名の薬草も実在する。

怪しい薬草で作る魔女の軟膏

魔女は空を飛ぶ際、「魔女の軟膏」という塗り薬を使う。その材料には、魔術効果があると信じられているクマツヅラやベラドンナなどの薬草が使用された。

ヒツジが実る奇妙な植物
バロメッツ

熟したひょうたんに似た果実を割ると、子ヒツジのような獣が入っているという。その獣は、傷つけると、血のような汁が出て、周囲の植物を食べ尽くすまで生きることがある。

不思議な実や花が成る植物

変わった実や花をつける幻想植物としては、人の頭部のような花をつける「人面樹」や、鳥のガンが生まれる「エボシガイの木」がある。

恵みを授ける神の果実
黄金の林檎

神の食べ物とされ、食べると不死身になるといわれている不思議な果物。英雄のヘラクレスは、百の頭を持つ竜が番をするヘラの果樹園から、これを持ち帰ることに成功した。

不思議な場所に生える怪木
ナンジャモンジャ

名無しの怪木のこと。「ナンジャモンジャが海上に出現し歌い踊り出した」「切ろうとした者が怪我や病気になってしまった」など、各地にいろいろな伝承がある。

世界を支える巨木「世界樹」

世界の神話や民話の中には、この世界が一本の大きな木で成り立つとする「世界樹」という概念が見られる。代表的なものは北欧神話。世界樹の「ユグドラシル」が世界の中心にそびえており、枝は天まで、根は地下の冥界まで伸び、9つの世界に繋がっているという。このほか、マヤ文明の「セイバ」やペルシャ神話の「ガオケレナ」、ハンガリー民話の「アズ・エーギグ・エーレ・ファ」にも世界樹が登場する。

ユグドラシル
死者の世界や神々の世界、人間の世界などにつながる、巨大なトネリコの木。

041

第1回戦-4

九尾の狐 & 鬼女紅葉

国を滅ぼす妖狐と紅蓮を纏う鬼女

パワー	5
魔力	10
防御力	6
抗魔力	8
タフネス	6
スタミナ	6
スピード	8
知能	9

九尾の狐（上）
中国や日本などで悪事を働いた妖狐。美女に化けたり、幻術を使ったりして人間をだます。

- 分類 …… 妖怪
- 伝承地域 …… 京都府、栃木県
- 出典 …… 謡曲『殺生石』『絵本三国妖婦伝』など
- 戦闘体長 …… 5m

鬼女紅葉（下）
戸隠山に棲む、魔王の力をもつという鬼女。多彩な妖術を使って、盗賊軍団を率いた。

- 分類 …… 妖怪
- 伝承地域 …… 長野県
- 出典 …… 謡曲『紅葉狩』など
- 戦闘体長 …… 2m

知能の高さと妖術を駆使して勝負

九尾の狐は妖術に優れたキツネの妖怪で、知能が高く悪知恵が働く。鬼女紅葉も魔王の力をもち、妖術に長けている。防御力やタフさは低いが、パワーよりも妖術中心のチームなので、頭脳をフル回転させ、敵を策に陥れる、ずる賢い戦法で勝利をつかんでいきたい。

戦闘体長 大きさの比較

ロック鳥 & ナーガ

伝説の巨大鳥と天候を支配する蛇神

パワー	6
魔力	7
防御力	6
抗魔力	6
タフネス	8
スタミナ	7
スピード	10
知能	7

ロック鳥（上）
とてつもなく巨大な鳥。鋭いカギ爪やクチバシのほか、はばたく際の突風も武器となる。

- 分類……………幻獣
- 伝承地域………中央アジア、西アジア
- 出典……………『千夜一夜物語』『東方見聞録』
- 戦闘体長………翼開長 50m

ナーガ（下）
地域によって別の種類を指すが、インドの神話や伝説では上半身は人間、下半身はヘビとされる。

- 分類……………幻獣
- 伝承地域………インド、東南アジア
- 出典……………インド神話
- 戦闘体長………5m

ロック鳥の攻撃力を活かすサポートを

ロック鳥はゾウをもわしづかみする巨大な体を誇り、パワーもけた違いに高い。視力もよく、獲物を狩る能力に優れている。ナーガは体のタフさと、天候操作ができる神通力が特徴。ナーガがうまくサポートして、ロック鳥の攻撃力で押していきたいところだ。

043

第1回戦-4

対戦ステージ　**平原**

パワーとスピードでは幻獣チームが有利だが、妖怪チームの妖術は予測不可能だ。空中と地上を行き来する迫力ある戦いが期待できる。

バトルシーン1　空を飛ぶロック鳥が猛烈な勢いで先制攻撃

ロック鳥は、ナーガが首に巻きついた状態で、空から妖怪チームに向かって飛来。カギ爪やクチバシで、連続攻撃をしかける。九尾の狐は分身の術で目くらましをするが、ロック鳥のスピードとパワーがすさまじく、防戦一方だ。

ロック鳥の連続攻撃でまずは幻獣コンビがリード！

九尾の幻術
九尾は幻術が得意。分身の術は、相手を惑わせ、敵に自分の場所を知られずに攻撃できる。

LOCK ON!!

バトルシーン 2 — 九尾の狐も空を飛び強烈な毒気を放出

相手のペースに振り回される展開に業を煮やした九尾の狐は、妖術で空を飛び、幻獣チームと空中で対峙する。そして全身から大量の毒気を放つが、ナーガは暴風雨を起こし、これを吹き飛ばす。

LOCK ON!!

ナーガの天候操作
ナーガは神通力で天気を操り、嵐を呼び寄せる。怒ったときにはもっと激しい大災害まで起こせる。

バトルシーン 3 — ロック鳥は地上の鬼女紅葉を狙う

九尾の毒気が吹き飛び、危機を脱した直後、ロック鳥はひとり地上に取り残された鬼女紅葉に狙いを定める。そして一気に急降下して、鬼女紅葉に襲いかかる。

第1回戦-4

バトルシーン 4 幻術でかわしてカウンターで一閃

ロック鳥脱落

ロック鳥の巨大なカギ爪が鬼女紅葉をとらえたと思った瞬間、その体は霧散した。ロック鳥がつかんだのは、鬼女紅葉が作り出した幻影だったのだ。そして紅葉は、真横から鮮やかな薙刀さばきで、ロック鳥の喉元を切り裂いた。

バトルシーン 5 ナーガの毒液攻撃を鬼女紅葉が軽々と回避

地上に降りたナーガは、鬼女紅葉に向けて毒液を放つ。ヘビの下半身を駆使するナーガの動きは素早かったが、紅葉は華麗にジャンプで回避。背後を取ると、ナーガの下半身に薙刀を突き刺して動きを封じる。

バトルシーン 6
動きを封じたあと毒気と大火炎の連続コンボ

動きを封じられたナーガを見て、九尾の狐は地上へ向かいながら毒気を放ち、ナーガに毒を吸いこませることに成功。だんだん弱ってきたところに、鬼女紅葉が妖術で大火炎を発生させ、ナーガを火炎地獄に落とした。

妖術を駆使した連続攻撃で強敵を華麗に撃破！

九尾の狐＆鬼女紅葉の勝利！

第1回戦-5

だいだらぼっち & 海坊主

国造りの大巨人と大海原の怪物

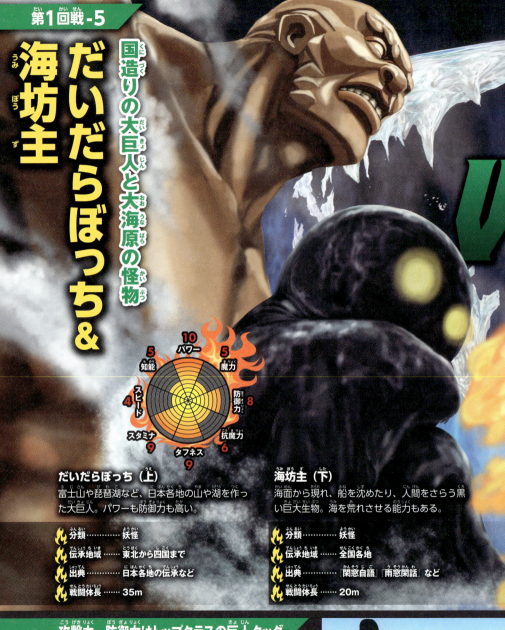

- パワー: 10
- 知能: 5
- 魔力: 5
- スピード: 4
- 防御力: 8
- スタミナ: 9
- 抗魔力: 6
- タフネス: 9

だいだらぼっち（上）
富士山や琵琶湖など、日本各地の山や湖を作った大巨人。パワーも防御力も高い。

- 分類……………妖怪
- 伝承地域………東北から四国まで
- 出典……………日本各地の伝承など
- 戦闘体長………35m

海坊主（下）
海面から現れ、船を沈めたり、人間をさらう黒い巨大生物。海を荒れさせる能力もある。

- 分類……………妖怪
- 伝承地域………全国各地
- 出典……………『閑窓自語』『雨窓閑話』など
- 戦闘体長………20m

攻撃力・防御力はトップクラスの巨人タッグ

だいだらぼっちはその見た目どおり、パワーも防御力もスタミナも高い。海坊主は、海を自在に操れるのに加え、ほぼ物理ダメージが効かないのは大きな強みだ。巨人同士のチームだけに、高い攻撃力と防御力で敵を圧倒できれば上位進出も狙える。

フロストジャイアント＆イフリート

知勇あふれる氷の巨人と燃える炎の魔神

ステータス
- 知能: 10
- パワー: 8
- 魔力: 8
- 防御力: 7
- 抗魔力: 7
- タフネス: 8
- スタミナ: 7
- スピード: 6

フロストジャイアント（上）
氷結魔法を得意とする、筋骨たくましい巨人。武具の製造技術や魔法の知識にも通ずる。

- 分類……… 幻獣
- 伝承地域…… ヨーロッパ
- 出典……… 北欧神話
- 戦闘体長…… 8m

イフリート（下）
炎を自在に操る精霊。体の大きさや形を変えたり、分身したりする魔法も使いこなす。

- 分類……… 幻獣
- 伝承地域…… 西アジア
- 出典……… イスラム、アラブの神話伝承など
- 戦闘体長…… 3m

魔法攻撃のスペシャリストがそろいぶみ

巨人のフロストジャイアントは、パワーだけでなく、氷結魔法も駆使するため、単独でも戦闘力が高い。イフリートはあらゆる炎の魔法が中心だが、ほかの魔法も使いこなす。氷と炎は相反するものだが、知能の高い2体だけに、状況に応じて使い分けられるかがポイントになるだろう。

戦闘体長 大きさの比較

第1回戦-5

対戦ステージ **海岸**

パワー的にはだいだらぼっち＆海坊主が圧倒している。幻獣チームは、タイプの異なる魔法攻撃を駆使して、強敵を破れるか!?

バトルシーン 1 海坊主がすさまじい高波で一気に決着を狙う

海側の妖怪チームと陸側の幻獣チームが対峙する。海坊主は左右から巨大な高波を起こして、フロストジャイアントたちを飲み込もうとする。これで一気に決着をつけるつもりだ。

すべてを飲み込む巨大な波でいきなりの決着か!?

とんでもない高波
海坊主は、海を荒れさせる能力に長ける。大きな船もあっという間に沈めてしまう。

LOCK ON!!

バトルシーン 2
凍結魔法で海全体を凍らせる

LOCK ON!!

強化の魔法陣
フロストジャイアントは敵の攻撃を予想。強力な魔法を放つため、魔法陣を用意していた。

知略に優れたフロストジャイアントは、抜かりなく巨大な敵と戦う準備をしていた。事前に準備していた魔法陣で、パワーアップさせた氷結の魔法を唱え、高波もろともだいだらぼっちと海坊主の足元の海を凍らせた。

バトルシーン 3
山をも砕くパンチで危機を脱出

足元の海が凍らされ、危険と判断しただいだらぼっちは、大きな拳で海坊主の足元の氷を砕く。そのおかげで氷の下の海面が少しだけ現れ、海坊主は動けるようになった。

第1回戦-5

バトルシーン 4 至近距離からの炎の魔法が炸裂

だいだらぼっちはバランスを崩して、足元の氷に両手をついた。そのスキを突いて、イフリートは顔付近に接近し、強力な炎の魔法を噴射する。顔に大ダメージを受け、だいだらぼっちは戦闘不能となった。

だいだらぼっち脱落

LOCK ON!!

炎の魔法
強力な炎を噴射する魔法は、イフリートの必殺の攻撃魔法だ。

バトルシーン 5 海坊主が飲み込みイフリートを撃破

動けるようになっていた海坊主は、近くにいたイフリートを体内に飲み込んだ。イフリートは火炎を発して海水を蒸発させて脱出しようとするが、海水があまりに多すぎた。海坊主のサイズは縮んだが、イフリートが先に溺れてしまった。

イフリート脱落

バトルシーン 6 壮大なスケールの戦いを制しジャイアントキリングを達成

イフリートの火炎によって、海坊主は半分以下に縮小してしまった。これをチャンスと見たフロストジャイアントは、海坊主を氷結魔法で瞬く間に凍らせると、その体に氷の棍棒を降り下ろして破壊した。

炎と氷のコンビプレーで巨大な妖怪タッグを粉砕！

フロストジャイアント＆イフリートの勝利！

第1回戦-6

大天狗 & 土蜘蛛

翼の神通力使いと人喰らいの妖術使い

大天狗（上）
山伏のような格好をする場合もある妖怪で、神通力に長けている。

- 分類……妖怪
- 伝承地域……全国各地
- 出典……『今昔物語集』謡曲『鞍馬天狗』など
- 戦闘体長……2.5m

土蜘蛛（下）
怪しい術を使う蜘蛛の妖怪。巨大なものもいれば、その力で人に病をもたらすものもいる。

- 分類……妖怪
- 伝承地域……京都府など
- 出典……『平家物語』『土蜘蛛草紙』など
- 戦闘体長……8m

ステータス:
- パワー 7
- 知能 8
- 魔力 9
- スピード 7
- 防御力 6
- スタミナ 6
- タフネス 6
- 抗魔力 7

空と陸に分かれて、両面攻撃で攻め込む

　大天狗は神通力で空を飛び、さまざまな不思議を引き起こすうえ、剣術も得意なオールラウンダー。相棒となる土蜘蛛は、凶暴なパワータイプながら、じつは妖術も使いこなすなど、頼りになるパートナー。空中と地上からの両面攻撃がハマれば勝利は近い。

大きさの比較

054

リッチ＆スライム

死を超越した魔術師と変幻自在のゼリー

パワー 4
魔力 8
防御力 4
抗魔力 10
タフネス 9
スタミナ 8
スピード 4
知能 8

リッチ（上）
魔術師が、自らの意志で生ける屍となったもの。生前の知識があり、多彩な魔法を使う。

- 分類……………幻獣
- 伝承地域………不詳
- 出典……………ホラー小説など
- 戦闘体長………2m

スライム（下）
粘液のような体の怪物。自由に体の形を変えたり、獲物を丸呑みしたりする。

- 分類……………幻獣
- 伝承地域………不詳
- 出典……………SF小説
- 戦闘体長………不定形

高い魔法攻撃とトリッキーさが持ち味

スライムは、ネバネバした体を自在に操り、しぶとく戦える幻獣だが、攻撃力の低さが気になるところ。リッチは、不死の体と高い魔力、多彩な魔法攻撃が武器だ。リッチの高い魔法攻撃力を軸に戦いつつ、トリッキーなスライムの動きをうまく活かしたい。

055

第1回戦-6

対戦ステージ　**平原**

妖術、神通力に長ける妖怪チームに対し、幻獣チームの攻撃はリッチにかかっている。意表をついた作戦で活路を見出せるか。

バトルシーン1　巨大な土蜘蛛を封じるためリッチが先制攻撃

魔術と妖術がぶつかり合うハイレベルなバトル展開！

高い妖力
リッチの幻惑の魔法はレベルの高いものだったが、土蜘蛛も妖力を出して対抗。

リッチは土蜘蛛に幻惑の魔法をしかけ、先手を打つ。そのスキにスライムに攻撃させようという作戦だ。すさまじい幻術だったが、土蜘蛛も妖術使いであるため、なんとか集中して耐える。危険を感じた大天狗は、いったん空へ退避する。

バトルシーン 2
土蜘蛛の暴食で スライムが飲み込まれる

リッチの幻術に耐えて動きが止まった土蜘蛛に、スライムが襲いかかる。だが暴食の土蜘蛛は、スライムの攻撃をものともせず、逆にその体の半分以上を丸呑みしていく。小型化したスライムは、戦力として期待できない状況になった。

暴食
暴食と名高い土蜘蛛は、その腹の中に約2000もの死者の首を入れていたという逸話もある。

LOCK ON!!

バトルシーン 3
激しい攻撃ラッシュに対し リッチはバリアで防御

大天狗は空からリッチに次々と石礫を落とす。スライムは石礫をくらい、さらに小さい塊に分散してしまった。土蜘蛛も、蜘蛛の糸を放って攻撃。リッチはバリアを張ってしのいだものの、防戦一方だ。

第1回戦-6

バトルシーン 4 スライムが逆流 土蜘蛛を窒息させる

土蜘蛛脱落

突然、リッチに迫っていた土蜘蛛が苦しみだす。食べられたはずのスライムが、消化される前にしぶとく食道から戻ってきて、土蜘蛛の気管をふさぎ、窒息させたのだった。

死なない体
ゼリー状の体はちぎれても決して死なない。くっついて何度でも再生する。

LOCK ON!!

バトルシーン 5 大天狗の翼にスライムが絡みつく

突然倒れた土蜘蛛を見た大天狗は、一気に決着をつけるべく、羽団扇を振りかぶり、火炎攻撃を放とうとする。その瞬間、大天狗の翼に小さなスライムがいくつも絡みついた。翼の動きを封じられた大天狗は、地面に急降下。

058

バトルシーン 6
リッチの秘策が成功
強敵の大天狗を見事撃破

リッチは攻撃ラッシュをくらいながらも、風の魔法を使い、小さく分散したスライムを次々と空に飛ばしていたのだ。そしてリッチは、地面に落下した大天狗の背中に、召喚した大剣を突きたて、勝利した。

多彩な魔法を使いこなすリッチによる巧妙な作戦勝ち！

リッチ＆スライムの勝利！

コラム ②
中国の架空の生物たち

今回のトーナメントでは東アジアから日本の妖怪が参加しているが、中国にも架空の、神や妖怪のようなものたちはいる。

檮杌（とうこつ）

中国神話に登場する邪神「四凶」のひとつ。人の顔にトラの手足という姿で、イノシシの牙を持つ。凶暴な性格で、根っからの戦い好き。他人の意見を聞かず、好き勝手に暴れまわる。

「四凶」とは

中国神話に伝わる、四方に流された四柱の邪神。『春秋左氏伝』では渾敦、窮奇、檮杌、饕餮（『幻獣最強王図鑑』にトウテツとして参戦）とされている。

麒麟（きりん）

聖天子が現れる時に、めでたいしるしとして出現するという。はじめはシカに似た一角獣だったが、時代を経て神秘的な要素が加わり複雑怪奇な姿になった。

「四霊」とは

4種の尊さを備えた生物。麒麟、鳳凰、亀、龍のこと（龍＝応龍は『ドラゴン最強王図鑑』に参戦している）。

刑天(けいてん)

首がなく、胸に両目、へその位置に口がある巨人。神の座をかけて争って敗れ、首を切られて山に埋められたが、それでもまだ斧と盾を持ち、闘志あふれる戦いの舞を踊り続けたという話が伝えられている。

エキシビションに参戦！　P.120へ

相柳(そうりゅう)

9つの人間の頭部があるという大蛇。9つの山のものを食べ尽くし、体からは毒水を垂れ流す。相柳が通ったあとの地面は毒の谷や沢となり、大地は汚れてしまうという。

火鼠(かそ)

不灰木という燃え尽きない木の、火のなかに棲んでいるというネズミ。細くて白い毛をしており、その毛は決して燃えない。また、水をかけると死んでしまうともいわれる。

061

第1回戦-7

八岐大蛇 & 雪女

神も恐れる大蛇と雪と冷気の美女

八岐大蛇（上）
8つの頭と8つの尻尾をもつ大蛇。山のように巨大で、パワーも防御力も秀でている。

分類	妖怪
伝承地域	島根県 など
出典	『古事記』『日本書紀』など
戦闘体長	50m

雪女（下）
雪や冷気を操る妖怪。口から冷気を吐いたり、猛吹雪を起こしたりして、人間を凍死させる。

分類	妖怪
伝承地域	全国各地
出典	小泉八雲『怪談』、各地の伝承 など
戦闘体長	1.6m

パワー 9 / 魔力 6 / 防御力 8 / 抗魔力 5 / タフネス 9 / スタミナ 9 / スピード 5 / 知能 5

暴れる八岐大蛇を雪女が冷気でアシスト

巨大な体を誇る八岐大蛇は、8本の首がそれぞれ独自に動くので死角がなく、攻撃も激しい。雪女は力こそないが、雪や冷気を操るという、敵の妨害に有効な特殊能力をもつ。八岐大蛇が大暴れしつつ、雪女も要所要所で敵の動きを封じて、自分たちが有利になるように立ち回りたい。

大きさの比較

062

アルゴス & スキュラ

百目の死角なき戦士と多頭の海の怪物

パワー 8
魔力 6
防御力 9
抗魔力 7
タフネス 10
スタミナ 8
スピード 8
知能 8

アルゴス（上）
全身に100（または1000）の目をもつという巨人。目を交代で休ませて、不眠不休で戦う。

- 分類　　　 幻獣
- 伝承地域　 ヨーロッパ
- 出典　　　 ギリシア神話
- 戦闘体長　 8m

スキュラ（下）
上半身は人間、下半身は12匹分のヘビの足の上に6つのイヌの頭がついているともいう。

- 分類　　　 幻獣
- 伝承地域　 ヨーロッパ
- 出典　　　 ギリシア神話
- 戦闘体長　 4m

戦闘体長

スキュラが戦いやすい状況に持ち込め

無数の目を持つアルゴスは死角がなく、休まず戦えるタフさを持つ。不死ともいわれるスキュラは6つのイヌの頭が凶暴で、サメのような鋭い歯で噛みつけば敵はひとたまりもない。アルゴスがうまくサポートし、スキュラの攻撃を活かせるかが勝利の大きなポイントになる。

※アルゴスの100の目は戦闘の状況によって移動し、大きさも変化。また、交代で眠るので閉じているものも開いているものもあるという設定で描かれております。

第1回戦-7

対戦ステージ　森林

八岐大蛇の巨体から繰り出される攻撃は、どれも手強い。独自の攻撃方法をもつアルゴスとスキュラは、どんな作戦で攻略するのか!?

バトルシーン 1
八岐大蛇の先制攻撃に出遅れた幻獣チーム

八岐大蛇の巨体を活かした突進は、周辺の木々が次々に倒されるほどの猛威を奮う。さらには8本の首を使って連続攻撃をし、スキュラとアルゴスはそれをかわすのが精一杯。そんななか、雪女は離れた場所で、スキをうかがっていた。

戦場の地形を変えるほど八岐大蛇が大暴れ！

8本の首
八岐大蛇は8本の首があり、それぞれが自由に動く。その連続攻撃から逃れるのは難しい。

LOCK ON!!

バトルシーン 2 アルゴスが八岐大蛇の攻略法を思いつく

アルゴスは策を練り、八岐大蛇の首を1本ずつしとめることにした。アルゴスが首からの攻撃を防いでいる間に、スキュラが1本ずつ首をヘビの体で締め上げ、イヌの頭部で喉笛を噛みちぎる。これを繰り返そうというわけだ。

バトルシーン 3 タフなアルゴスが八岐大蛇の猛攻を耐える

スキュラの攻撃中、アルゴスは槍を振って八岐大蛇の攻撃を必死に防ぐ。100の目をもつアルゴスは、相手の動きを見逃さず、眠らずに戦えるタフさもある。この作戦が功を奏し、八岐大蛇の首は1本1本確実に落とされていく。

LOCK ON!!

100の目
アルゴスは全身に100の目がある。前後左右全方向の、あらゆる動きを見逃さない。

第1回戦-7

バトルシーン 4 スキュラを止めるべく雪女が吹雪で攻撃

アルゴス、スキュラコンビの作戦は順調に進み、八岐大蛇の首は3本しとめられた。八岐大蛇の動きが少し鈍り始めたところで、危険と判断した雪女は吹雪を発生させ、スキュラを氷漬けにしようとする。

LOCK ON!!

雪女の吹雪攻撃
雪女は冷気や雪を発生させ、敵を凍らせる。不意打ちでしかければ、その効果はバツグンだ。

バトルシーン 5 死角なきアルゴスが雪女の攻撃を阻止

雪女脱落

しかし雪女が吹雪を発生させたその瞬間、アルゴスの投げた槍が雪女の体を貫いた。100の目を持つアルゴスは、雪女のあやしい動きを見逃さなかったのだ。

バトルシーン **6**

互いに八岐大蛇の首を持ち正面衝突させてKO！

残る八岐大蛇の首は、2本にまで減っていた。スキュラが1本の首を絞めている間、アルゴスももう1本の首に組みつく。そしてアルゴスの掛け声で、両者は首を持ったまま互いに向かって突進。2本の首を正面衝突させて、気絶させてしまった。

アルゴスとスキュラの連携プレーで
見事に作戦成功

アルゴス＆
スキュラ
の勝利！

第1回戦-8

龍神 & 手長足長

嵐を起こす水神と長い手足の巨人コンビ

龍神（上）
水を司る水神で、神通力で天候を操る。長い体で敵を締め上げることもできる。

手長足長（下）
腕が長い手長と、脚が長い足長の巨人コンビ。足長が手長を背負った状態での連携が得意。

	龍神		手長足長
知能	7	パワー	7
スピード	6	魔力	8
スタミナ	8	防御力	7
タフネス	8	抗魔力	7

- 分類……… 妖怪
- 伝承地域… 日本各地
- 出典……… アジア各地の神話、伝承
- 戦闘体長… 30m

- 分類……… 妖怪
- 伝承地域… 東北など
- 出典……… 日本各地の伝説、昔話など
- 戦闘体長… 20m

遠距離からパワフルな攻撃を叩き込む

手長足長は手足の長さが特徴で、その長いリーチを活かした戦いを得意とする。龍神は空中を飛び回り、遠距離から暴風雨や雷といった天候操作で攻撃をしかける。地上と空から挟み撃ちにできるうえ、攻撃力も高いので、自分たちの間合いで戦えば敵を圧倒できるはずだ。

大きさの比較

グリフォン & バジリスク

荒ぶる空の覇者と静かなる劇毒の王者

パワー 6
魔力 8
防御力 5
抗魔力 6
タフネス 6
スタミナ 6
スピード 9
知能 5

グリフォン（上）
上半身がワシ、下半身がライオン。またはライオンの上半身に、ワシの頭と下半身をもつ幻獣。

- 分類……… 幻獣
- 伝承地域…… ヨーロッパ、西アジア
- 出典……… ヨーロッパの伝説や民間伝承など
- 戦闘体長…… 6m

バジリスク（下）
爬虫類のような姿とも、鶏冠と羽毛、翼とヘビの尾をもつ4本足のニワトリともいう。

- 分類……… 幻獣
- 伝承地域…… ヨーロッパ
- 出典……… ヨーロッパ、中東の伝説や伝承など
- 戦闘体長…… 80cm

バジリスクの特殊能力を活かせる戦い方で

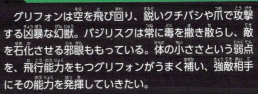

グリフォンは空を飛び回り、鋭いクチバシや爪で攻撃する凶暴な幻獣。バジリスクは常に毒を撒き散らし、敵を石化させる邪眼ももっている。体の小ささという弱点を、飛行能力をもつグリフォンがうまく補い、強敵相手にその能力を発揮していきたい。

069

第1回戦-8

対戦ステージ　空中／岩場

妖怪チームは、天空と地上からの自在な攻撃が持ち味だ。幻獣チームはバジリスクの一撃必殺技、石化能力を的確に決められるかがカギとなる。

バトルシーン 1
強敵の龍神を倒すため必殺の石化を狙う

グリフォンはバジリスクを乗せて飛行。空を飛び、強力な神通力を操る厄介な龍神を邪眼で倒すためだ。対する龍神は激しい雨雲と暴風雨を呼び寄せて、グリフォンを近づけさせない。

LOCK ON!!

天候操作の力
龍神には神通力と呼ばれる力がある。この力で空を飛び、雷や暴風雨を起こすなど、天候を操作する。

激しい黒雲と雷雨のなかで龍神とグリフォンが対峙！

バトルシーン2
突然の衝撃！手長足長がグリフォンを拘束!!

暴風雨によってグリフォンの飛行高度が下がった瞬間、急に巨大な手がグリフォンの足をつかむ。手長足長の長い腕が、グリフォンの飛行を阻んだのだ。グリフォンが必死に抵抗し、手長足長のバランスが崩れた瞬間、バジリスクがグリフォンの背中から飛び降りた。

バトルシーン3
決死の覚悟を見せたバジリスクのダイブ

バジリスクは手長の顔面に向かって飛び降り、視線を合わせることに成功。すると手長は一瞬で石化して崩れ落ちた。だがバジリスクもそのまま、地上に落下してしまう。

LOCK ON!!

石化の邪眼
視線を合わせた相手を石にしてしまうという、バジリスクの恐ろしい能力だ。

バトルシーン6 龍神の神通力による迷いなき一撃

相棒を倒された龍神は、怒りを爆発させる。暴風雨は激しさを増し、神通力を高めた龍神は、地上のグリフォンめがけて雷を落とす。大ダメージを負ったグリフォンは黒焦げになり、崩れ落ちた。

龍神が暴風雨により起こした強烈な落雷が直撃！

龍神＆手長足長の勝利！

エキシビション-1 幻獣・妖怪混合マッチ

百目鬼&ウェンディゴ
VS
鬼熊&メドゥーサ

　メドゥーサはまずウェンディゴを石化しようと探すが、背後を取るのがうまいウェンディゴとは視線が合わない。そこで目標を切り替え、鬼熊が大岩を百目鬼の顔面に当てる作戦に。岩をぶつけられた百目鬼がひるんだところで、メドゥーサが近づき、視線を合わせて見事石化に成功。しかし百目鬼は石となっても毒と炎を発し、メドゥーサはその毒で苦しみだす。鬼熊は百目鬼の体を大岩で弾き飛ばそうとするが、その瞬間をウェンディゴに狙われ、氷の息で一気に凍らされてしまった。メドゥーサもやがて全身に毒がまわって敗北した。

- パワー 9
- 知能 7
- 魔力 7
- スピード 6
- 防御力 7
- スタミナ 8
- 抗魔力 7
- タフネス 7

しぶとい巨大鬼と
姿を見せない魔物

　百目鬼は100の目と、刃のような毛を生やした巨大な鬼で、退治されてもなお、毒気と炎を放ち続けるしぶとさを誇る。ウェンディゴは人に姿を見せない術に長けている魔物で、ブリザードのような氷の息を吐く。ウェンディゴが百目鬼をうまくサポートしたことで勝機が見えた。

 ウェンディゴ
百目鬼

大きさの比較　戦闘体長

百目鬼
- 分類 ………… 妖怪
- 伝承地域 …… 栃木県
- 出典 ………… 栃木県の伝説
- 戦闘体長 …… 10m

ウェンディゴ
- 分類 ………… 幻獣
- 伝承地域 …… 北アメリカ
- 出典 ………… アメリカ先住民伝承
- 戦闘体長 …… 3m

鬼熊

一撃必殺の怪物と怪力の大クマ

鬼熊は人間のように立って歩くクマの妖怪で、怪力で大岩を投げ飛ばしたりする。メドゥーサは髪の毛が無数のヘビという怪物で、見た者を石のように固めてしまう。鬼熊が前線を張り、メドゥーサの石化でトドメを刺したいところだったが……。

大きさの比較

戦闘体長

鬼熊
- 分類……妖怪
- 伝承地域……長野県
- 出典……絵本百物語
- 戦闘体長……3m

メドゥーサ
- 分類……幻獣
- 伝承地域……ヨーロッパ
- 出典……ギリシア神話
- 戦闘体長……1.6m

パワー 7
魔力 8
防御力 6
抗魔力 7
タフネス 8
スタミナ 6
スピード 6
知能 7

メドゥーサ

百目鬼＆ウェンディゴの勝利！

075

RANKING-1
パワー／スタミナ

パワーはパンチやキックなどの格闘技の攻撃力をふくみ、スタミナは長く動ける持久力を示す。

パワーランキング TOP10

1 だいだらぼっち & 海坊主
海坊主とだいだらぼっち、どちらも大きな体をしており、そのぶんパワーもけた違いだ。

2 大百足 & 両面宿儺
山を何重にも巻くほど巨大な大百足は、パワーも驚異的。両面宿儺も力は強い。

3 八岐大蛇 & 雪女
山と見間違うほどの、八岐大蛇の巨大すぎる体は、武器というより、もはや凶器。

4	山ン本五郎左衛門 & 狒々	8	アルゴス & スキュラ
5	ゴーレム & ヴァンパイア	9	ミノタウロス & ケンタウロス
6	酒呑童子 & 大嶽丸	10	キマイラ & ケルベロス
7	フロストジャイアント & イフリート		

スタミナランキング TOP10

1 山ン本五郎左衛門 & 狒々
体力自慢な狒々と、魔王の力を持つ山ン本は、どちらもスタミナには自信がある。

2 だいだらぼっち & 海坊主
体が大きいだいだらぼっちは、パワーだけでなく、スタミナも無尽蔵にある。

3 八岐大蛇 & 雪女
日本神話最大級の大きさを誇る八岐大蛇は、スタミナにも長け、長期戦も得意だ。

4	ゴーレム & ヴァンパイア	8	龍神 & 手長足長
5	酒呑童子 & 大嶽丸	9	フロストジャイアント & イフリート
6	リッチ & スライム	10	ミノタウロス & ケンタウロス
7	アルゴス & スキュラ		

第2回戦 - 1

山ン本五郎左衛門 & 狒々

怪異の魔王と剛腕なる野獣

パワー 8
知能 8
魔力 8
スピード 6
防御力 7
スタミナ 10
抗魔力 6
タフネス 8

山ン本五郎左衛門（上）
多くの妖怪たちを従えるボス。魔王としての力を秘め、数々の不思議を発生させる。

- 分類 …… 妖怪
- 伝承地域 …… 広島県
- 出典 …… 『稲生物怪録』
- 戦闘体長 …… 2m

狒々（下）
身軽で力もある、サルの妖怪。人間を引き裂くなど、凶暴さもトップクラスを誇る。

- 分類 …… 妖怪
- 伝承地域 …… 各地の山間部
- 出典 …… 『和漢三才図会』など
- 戦闘体長 …… 3m

前回の戦い　vs ミノタウロス & ケンタウロス　P.024 →

ケンタウロスとミノタウロスの集中攻撃をくらう狒々。しかし、山ン本五郎左衛門が召喚した巨大な生首が割って入り、ひるんだミノタウロスは山ン本の不意打ちで倒された。残るケンタウロスも狒々と生首の2体に挟み撃ちにされて動けなくなり、山ン本にトドメを刺された。

078

ゴーレム＆ヴァンパイア

痛みなき魔導人形と不死なる夜王

ゴーレム（上）
魔法によって命を与えられた巨大な人形。泥人形の場合もあり、主人の命令に忠実に動く。

- 分類 …… 幻獣
- 伝承地域 …… ヨーロッパ
- 出典 …… ユダヤ伝承
- 戦闘体長 …… 10m

ヴァンパイア（下）
人間に似た怪物で、死なないために人の血を吸わなければならない不死の存在となった。

- 分類 …… 幻獣
- 伝承地域 …… ヨーロッパなど
- 出典 …… ヨーロッパ伝承
- 戦闘体長 …… 2m

ステータス：
- パワー 8
- 知能 7
- 魔力 6
- 防御力 6
- 抗魔力 9
- タフネス 8
- スタミナ 8
- スピード 6

前回の戦い vs 大百足＆両面宿儺　P.030

ゴーレムは体が崩れながらも、突撃する大百足の頭を押さえることに成功。そしてヴァンパイアが火炎魔法でトドメを刺した。一方ゴーレムも、両面宿儺の弓矢攻撃で刻印を削られ、戦闘不能に。残るヴァンパイアは、宿儺の死角のなさに苦戦するが、最後は怪力でゴーレムの欠片を投げ、勝負を決めた。

079

第2回戦-1

対戦ステージ　荒地

高い知能を誇る山ン本とヴァンパイアが相棒に指示を出す、似たタイプのタッグ。相手とのかけひきと作戦が、勝負のカギを握りそうだ。

バトルシーン 1
狒々を狙い撃ちする思惑は失敗に終わる

ヴァンパイアは狒々に狙いを定め、麻痺魔法をかけ、ゴーレムに攻撃指示を出す。押されっぱなしの狒々を見た山ン本は、逆さ生首の化け物を、ヴァンパイアの正面に召喚。ヴァンパイアが一瞬ひるんだことで、魔法は解除された。

ヴァンパイアの魔法攻撃に山ン本は手下を召喚！

山ン本が手下を召喚
山ン本は魔王の類といわれており、妖力でいろいろな不気味な手下たちを召喚する。

LOCK ON!!

バトルシーン 2
怪力パンチが生首を吹っ飛ばす

一瞬ひるんだヴァンパイアだったが、その凄まじい怪力で生首をワンパンチではじき返した。殴られた生首は勢いよく吹っ飛び、ヴァンパイアに追い打ちをかけようとしていた山ン本に激突する。

バトルシーン 3
山ン本のスキを見て吸血攻撃！

生首を弾き返された山ン本は、後方へ転倒。そこへすかさず近づいたヴァンパイアが、山ン本の首筋に噛みついて吸血する。山ン本は急いで引きはがすものの、一瞬で大量の血を吸われ、体力を大きく奪われてしまった。

吸血
吸血鬼とも呼ばれるヴァンパイアは、人間の首筋に噛みついて、その生き血を吸い、命を奪う。

LOCK ON !!

081

第2回戦-1

バトルシーン 4
巧妙なワナにつかまり焦るヴァンパイア

ヴァンパイアは山ン本にトドメを刺そうとするが、急に体が動かなくなる。山ン本は、周囲の地面から糊のようにネバネバした液体が湧き出るトラップをしかけていたのだ。ヴァンパイアは体についたネバネバを炎で焼こうと服に火をつけるが、山ン本は逃すまいとネバネバを増やす。

バトルシーン 5
ゴーレムを誘導した狒々が額の刻印を削り取る

ゴーレム脱落

ヴァンパイアの麻痺魔法が解けた狒々は、素早い動きでゴーレムを翻弄し、ヴァンパイアの近くまで誘導する。そして一気に飛びかかると、額の刻印を引っかいた。どうやら狒々はあらかじめ、山ン本から指示を受けていたようだ。刻印を削られたゴーレムは、またしても動けなくなってしまった。

引っかき攻撃
狒々はサルの妖怪なので、引っかき攻撃が得意。その鋭い爪で、あらゆるものを切り裂く。

LOCK ON!!

バトルシーン6 一瞬のスキを逃さず ヴァンパイアを背中から一突き

ゴーレムの体が崩れ始めると、狒々はその体を飛び蹴りし、ヴァンパイア側に倒す。身動きを封じられているヴァンパイアは両手で支えるが、そのスキを山ン本は見逃さなかった。山ン本は木の杭を召喚すると、ヴァンパイアの心臓を背中から一突きした。

山ン本が心臓を狙い撃ち！
強敵ヴァンパイアを撃破！！

山ン本五郎左衛門＆
狒々の勝利！

第2回戦-2

酒吞童子 & 大嶽丸

鬼の大将と神通力を操る鬼神魔王

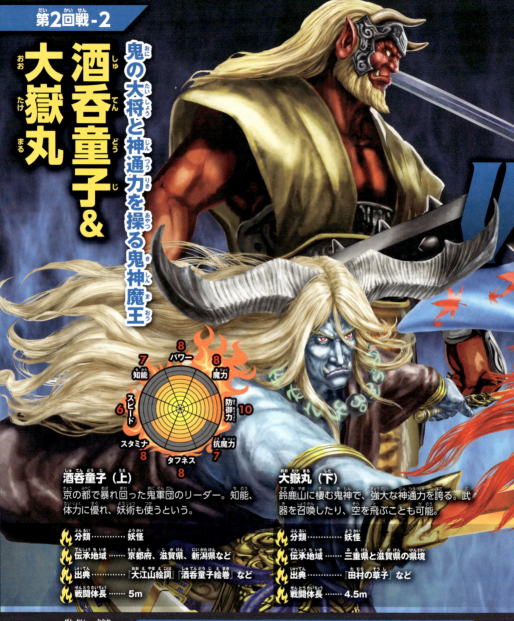

パワー 8
知能 7
魔力 8
スピード 6
防御力 10
スタミナ 8
タフネス 8
抗魔力 7

酒吞童子（上）
京の都で暴れ回った鬼軍団のリーダー。知能、体力に優れ、妖術も使うという。

- 分類……… 妖怪
- 伝承地域…… 京都府、滋賀県、新潟県など
- 出典……… 『大江山絵詞』『酒呑童子絵巻』など
- 戦闘体長…… 5m

大嶽丸（下）
鈴鹿山に棲む鬼神で、強大な神通力を誇る。武器を召喚したり、空を飛ぶことも可能。

- 分類……… 妖怪
- 伝承地域…… 三重県と滋賀県の県境
- 出典……… 『田村の草子』など
- 戦闘体長…… 4.5m

前回の戦い vs キマイラ&ケルベロス　　P.036 ▶

敵の先制攻撃を受けるも、酒吞童子はキマイラの首根っこをつかみ、地面に叩きつけて倒す。しかしケルベロスに噛まれ、猛毒により片膝をついてしまう。一方、空を飛んでいた大嶽丸は、妖術で落雷をケルベロスに浴びせて勝利。しかしその攻撃に酒吞童子も巻き込まれ、両者の間に険悪な空気が……。

九尾の狐 & 鬼女紅葉

国を滅ぼす妖狐と紅蓮を纏う鬼女

パワー 5
魔力 10
防御力 6
抗魔力 8
タフネス 6
スタミナ 6
スピード 8
知能 9

九尾の狐（上）
中国や日本などで悪事を働いた妖狐。美女に化けたり、幻術を使ったりして人間をだます。

- 分類……………妖怪
- 伝承地域………京都府、栃木県
- 出典……………謡曲『殺生石』『絵本三国妖婦伝』など
- 戦闘体長………5m

鬼女紅葉（下）
戸隠山に棲む、魔王の力をもつという鬼女。多彩な妖術を使って、盗賊軍団を率いた。

- 分類……………妖怪
- 伝承地域………長野県
- 出典……………謡曲『紅葉狩』など
- 戦闘体長………2m

前回の戦い vs ロック鳥 & ナーガ　P.044

空から猛攻をしかけるロック鳥に対し、九尾の狐は分身の術で防戦。ナーガが九尾の狐が放つ毒気に対応する間に、ロック鳥は鬼女紅葉に襲いかかる。しかし紅葉は幻術でかわし、薙刀で喉元を切り裂く。最後に九尾の狐と紅葉が、ナーガを毒と炎で、挟み撃ちして倒した。

第2回戦-2

対戦ステージ　森林

攻撃力も体力も高い鬼タッグと、妖術や神通力に秀でる妖異コンビの対決となった。力の妖怪に、技の妖怪がどこまで勝負できるのか!?

バトルシーン 1 — 大嶽丸が魔剣の力を解放して大暴れ！

九尾の狐と鬼女紅葉のすさまじい妖力を感じ取った大嶽丸は、3本の魔剣「三明の剣」を取り出す。次に魔剣の力で氷の刃を召喚し、怒涛の猛攻。紅葉は妖術で火の雨を降らせ、九尾も毒気で抵抗するが、大嶽丸の勢いは衰えない。

九尾も紅葉も抵抗するが大嶽丸の猛攻は止まらない！

LOCK ON !!

武器召喚
大嶽丸は妖術も使いこなす。大量の武器を召喚し、まるで雨のように降らすことができる。

バトルシーン2 三明の剣を警戒した九尾の狐が2本を奪取

聡明な九尾の狐は、大嶽丸の力の源が魔剣「三明の剣」だと気づく。激しい攻撃の最中、ダメージを受けながらも幻術で分身を作りながら突進。分身がうまく目隠しに成功し、大嶽丸が右手に持っていた「大通連」と「小通連」の奪取に成功する。

高い知能
九尾の狐は非常に賢く、知識もある。三明の剣に関しても、元々知っていた可能性は高い。

バトルシーン3 九尾の狐の狙いに気づいた酒呑童子が魔剣を奪い返す

三明の剣を奪取したのも束の間、九尾の狐の狙いを察知していた酒呑童子がすかさず駆け出し、奪われていた「大通連」と「小通連」を取り返した。童子は敵の動きが怪しいとみて追尾していたのだ。

第2回戦-2

バトルシーン 4 — 三明の剣の加護を受けた酒呑童子が九尾を圧倒

九尾は強烈な毒気を放ちながら、多数の分身を作って童子に襲いかかる。しかし三明の剣の加護により守られた童子には効果が低い。さらに童子が剣を振るい、九尾の分身をまとめて霧散させ、実体も激しい斬撃をくらった。

九尾の狐脱落

バトルシーン 5 — 弱体化した大嶽丸を鬼女紅葉が見事にさばく

紅葉と大嶽丸の妖術対決は、徐々に距離が詰まって接近戦に移行。三明の剣がそろっていない大嶽丸は、弱体化しているようだ。一方の紅葉は武術にも自信があり、体格差がありながらも見事に攻撃をかわしている。

熟練した武芸
第六天魔王の力をもつとされる紅葉は、武器を持てば鬼とも互角に戦えるほどの力を発揮できる。

LOCK ON!!

バトルシーン6 酒呑童子が乱入 鬼女紅葉を打ち破るも……

酒呑童子が両者の戦いに乱入するも、大嶽丸に剣を返さず、自ら三明の剣「大通連」と「小通連」を振るって攻撃。大嶽丸に攻撃が当たるのも気にせず、紅葉を斬りつけて勝負を決めた。どうやら童子は、一回戦で大嶽丸に攻撃されたことを根に持っていたようだ。

酒呑童子が大嶽丸を巻き込んで鬼女紅葉を撃破！

酒呑童子＆大嶽丸の勝利！

コラム ❸
幻獣・妖怪たちの特殊能力、武器

幻獣や妖怪の魅力のひとつは、普通の動物や人間たちにはない特殊能力だ。
ここではそんな特殊能力や武器について見ていこう。

特別な体、体質

体自体が元々特別な作りだったり、特別な体質になっているものは、それを最大限に活かした戦いができる。スライムはゼリーのようにプルプルな体で、変幻自在に姿を変えられる。さらに千切れても、死なない限りは元に戻ろうとするので、しぶとく戦うことができる。またアルゴスは体中に100の目があるという巨人で、あらゆる方向を見渡せるので死角がない。加えて、目の半分を交代で眠らせるので、不眠不休で動き続けるというタフさも兼ね備えている。この体の特徴をフル活用して、アルゴスは空間的にも時間的にもスキのない戦いを続けられる。

スライム（変幻自在）

アルゴス（100の目）

特殊な攻撃方法

その幻獣、妖怪にしかできない特別な攻撃というものがある。たとえばヴァンパイアは、吸血という攻撃ができる。相手の首筋に噛みついて、その生き血を吸うのだが、人間相手ならその命を奪うほど強力。幻獣や妖怪相手でも、吸血して大きく体力を奪うことができるだろう。またバジリスクやメドゥーサは、視線を合わせた相手を石化するという、一撃必殺の攻撃方法をもっている。もちろん決まれば確実に勝つことができる攻撃だが、幻獣や妖怪のなかには、それに対応できる特殊能力をもつ者もいる。こうした特殊能力同士の攻防も、バトルの見どころだ。

ヴァンパイア（吸血）

バジリスク（石化の目）

珍しい術やスキル

　珍しい術を習得している幻獣、妖怪たちは多く、火炎や氷結、飛行、変身、幻術といったものがよく見られる。これらを駆使することで戦闘を有利に運ぶことができる。たとえば龍神やナーガは、暴風や落雷を起こす天候操作という強力な術を使う。これにより、天候を有利に変え、攻勢をかけることができる。ウェンディゴは人に姿を見せず、背後に忍び寄るという特殊な術の使い手で、位置取りに関しては抜きん出ている。また、努力で獲得した力や技術のことをスキルというが、こうしたスキルのなかにも特殊なものがある。リッチの場合、自ら望んで「生ける屍」となったことで、死んでも蘇ることができる復活能力を身につけている。一度倒されても復活することで、しぶとく戦うことができる。

リッチ（蘇生・復活能力）

龍神（天候操作）

強力な武器・アイテム

　特殊な力を秘めた武器やアイテムは、世界中の神話や伝承に数多く存在する。こうした武器・アイテムは、神々や英雄が所有していることが多いが、幻獣や妖怪が手にしているものもある。大嶽丸が所有する三明の剣は魔剣の類で、魔力で大嶽丸を加護している。この剣は大通連、小通連、顕明連の三振りから成り、ひと振りで1000人の首を切り落とすパワーがある。さらに鳥に化けたり、世界を見渡せたりといった、特別な能力も有している。また大天狗が持つ羽団扇は、それ自体に神通力があり、飛行、分身、火炎、風雨など、さまざまな術を使う際に使われる。とくに、火をあおって勢いを強め、自在に操る術は、人間だけでなく、幻獣、妖怪たちにとっても脅威といえる。

大嶽丸（三明の剣）

大天狗（羽団扇）

第2回戦-3

フロストジャイアント＆イフリート

知勇あふれる氷の巨人と燃える炎の魔神

ステータス
- 知能: 10
- パワー: 8
- 魔力: 8
- 防御力: 7
- 抗魔力: 7
- タフネス: 8
- スタミナ: 7
- スピード: 6

フロストジャイアント（上）
氷結魔法を得意とする、筋骨たくましい巨人。武具の製造技術や魔法の知識にも通ずる。

- 分類……… 幻獣
- 伝承地域…… ヨーロッパ
- 出典……… 北欧神話
- 戦闘体長…… 8m

イフリート（下）
炎を自在に操る精霊。体の大きさや形を変えたり、分身したりする魔法も使いこなす。

- 分類……… 幻獣
- 伝承地域…… 西アジア
- 出典……… イスラム、アラブの神話伝承など
- 戦闘体長…… 3m

前回の戦い　vs だいだらぼっち＆海坊主　P.050 →

フロストジャイアントは氷結魔法で、妖怪チームのいる海を凍らせる。だいだらぼっちは足元の氷を砕いて海坊主を救出するが、イフリートに顔を焼かれて離脱。すかさず海坊主はイフリートを溺れさせたが、炎で小さくされてしまい、フロストジャイアントの氷結魔法でトドメを刺された。

092

リッチ&スライム

死を超越した魔術師と変幻自在のゼリー

ステータス
- パワー 4
- 魔力 8
- 防御力 4
- 抗魔力 10
- タフネス 9
- スタミナ 8
- スピード 4
- 知能 8

リッチ（上）
魔術師が、自らの意志で生ける屍となったもの。生前の知識があり、多彩な魔法を使う。

- 分類 …… 幻獣
- 伝承地域 …… 不詳
- 出典 …… ホラー小説など
- 戦闘体長 …… 2m

スライム（下）
粘液のような体の怪物。自由に体の形を変えたり、獲物を丸呑みしたりする。

- 分類 …… 幻獣
- 伝承地域 …… 不詳
- 出典 …… SF小説
- 戦闘体長 …… 不定形

前回の戦い vs 大天狗&土蜘蛛　P.056

スライムが土蜘蛛に体の半分を飲み込まれてしまい、リッチも防戦一方となる。しかし、スライムは土蜘蛛の口まで逆流し、窒息させて戦線復帰。そしてそのスライムをリッチが風の魔法で空に飛ばし、大天狗の翼に絡みつかせる。地面に落下した大天狗は、リッチが召喚した大剣を突き立てられ敗北。

第2回戦-3

対戦ステージ　岩場

魔法だけでなく、パワーも兼ね備えるフロストジャイアント＆イフリート。この強敵に対し、変幻自在コンビはどのように立ち向かうのか!?

バトルシーン 1
氷と炎の魔法攻撃がリッチたちを襲うが……

強烈な攻撃が炸裂するがリッチは耐性魔法で抵抗！

フロストジャイアントは氷結魔法、イフリートは火炎魔法で、敵チームを挟み撃ち。一気に決着をつけようとするが、手応えは感じられない。リッチは敵の狙いを読んで、あらかじめ魔法でスライムと自分に氷・炎耐性を付与していたのだ。

リッチの耐性付与魔法
リッチは知識が豊富で、さまざまな魔法を使いこなす。高度な耐性付与魔法も知っていた。

LOCK ON!!

バトルシーン 2 イフリートの体を包み込むスライム

リッチは風の魔法を使い、スライムをイフリートのほうに飛ばす。イフリートに取りついたスライムは、変幻自在の体でイフリートの両腕の動きを封じはじめた。炎への耐性をもつスライムの取り込む範囲は、徐々に全身へと広がり、イフリートは反撃する力を奪われていく。

粘性の高い体

スライムはそのネバネバした体で、姿形を自在に変える。一度取りつけば、簡単に振り払えない。

LOCK ON!!

バトルシーン 3 決死の爆発でスライムをバラバラに

イフリート脱落

イフリートは決死の覚悟で、スライムに取りつかれながらもリッチに突進する。自らを大爆発させると、イフリートの体は散り散りになり、スライムも細かくバラバラに、リッチも激しく焼け焦げた。

第2回戦-3

バトルシーン 4
爆発で焼け焦げたリッチが復活して部下たちを召喚

LOCK ON!!

復活する不死の体
リッチは不死の体を手に入れており、倒されてもすぐに復活。非常にしぶとい幻獣だ。

リッチの体は、イフリートの大爆発で焼け焦げてしまった。しかし不死の体をもつリッチは、まもなくして復活。部下のスケルトンを大量に召喚して、残るフロストジャイアントに攻撃をしかけていく。

バトルシーン 5
再生途中のスライムを凍らせて投げつける！

スライム脱落

氷耐性が付与されたスケルトンに、氷の魔法は効かない。しかしフロストは、再生し始めたスライムの耐性魔法が切れていることを見抜いた。そこで、スライムの体を握って凍らせ、凄まじいパワーで投げつける。リッチとスケルトンに、思わぬ投擲が直撃した。

バトルシーン 6
リッチの魔法攻撃を圧倒的パワーでねじ伏せる

スキをついて突進 腕力で勝利をつかみ取る

投げつけたスライムの氷塊は、スケルトンの体を砕き、リッチにも当たった。相手がひるんだスキを見て、フロストは氷の棍棒でスケルトンをなぎ倒しながら、一気に詰め寄る。そして、リッチが復活できないよう、その体を力任せに引き裂いた。

フロストジャイアント＆イフリートの勝利！

第2回戦-4

アルゴス & スキュラ

百目の死角なき戦士と多頭の海の怪物

ステータス
- パワー: 8
- 知能: 8
- 魔力: 6
- 防御力: 9
- スピード: 6
- 抗魔力: 7
- スタミナ: 8
- タフネス: 10

アルゴス（上）
全身に100（または1000）の目をもつという巨人。目を交代で休ませて、不眠不休で戦う。

- 分類……………幻獣
- 伝承地域………ヨーロッパ
- 出典……………ギリシア神話
- 戦闘体長………8m

スキュラ（下）
上半身は人間、下半身は12匹分のヘビの足の上に6つのイヌの頭がついているともいう。

- 分類……………幻獣
- 伝承地域………ヨーロッパ
- 出典……………ギリシア神話
- 戦闘体長………4m

前回の戦い vs 八岐大蛇＆雪女　　P.064 ▶

巨体を誇る八岐大蛇が大暴れし、手も足も出ないアルゴスは、ある作戦を思いつく。それはアルゴスがほかの首の攻撃を防ぐ間に、スキュラが首を1本ずつ締め上げ、喉笛を噛みちぎって倒していくというもの。雪女の妨害を阻止しながら、順調に八岐大蛇の首を落とし、戦闘不能にした。

龍神 & 手長足長

嵐を起こす水神と長い手足の巨人コンビ

パワー	7
魔力	8
防御力	7
抗魔力	7
タフネス	8
スタミナ	8
スピード	6
知能	7

龍神（上）
水を司る水神で、神通力で天候を操る。長い体で敵を締め上げることもできる。

- 分類 …………… 妖怪
- 伝承地域 ……… 日本各地
- 出典 …………… アジア各地の神話、伝承
- 戦闘体長 ……… 30m

手長足長（下）
腕が長い手長と、脚が長い足長の巨人コンビ。足長が手長を背負った状態での連携が得意。

- 分類 …………… 妖怪
- 伝承地域 ……… 東北など
- 出典 …………… 日本各地の伝説、昔話など
- 戦闘体長 ……… 20m

前回の戦い　vs グリフォン&バジリスク　P.070 →

バジリスクを乗せたグリフォンは空を飛びで、龍神に挑もうとしたが、足を手長につかまれてしまう。グリフォンから飛び降りたバジリスクは、手長の石化に成功するも、足長に踏み潰され敗北。グリフォンが急降下して、足長を倒したのも束の間、龍神の落雷をくらって、黒焦げになってしまった。

099

第2回戦-4

対戦ステージ　森林

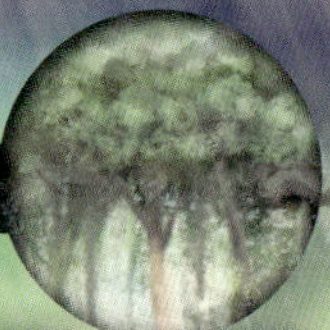

体格的には、龍神＆手長足長のほうが有利。さらに龍神は空も飛ぶ。一筋縄ではいかない相手に対し、幻獣コンビはどんな作戦で挑むのか!?

バトルシーン1　龍神の弱点を探るも思惑は逆効果に

逆鱗を攻撃された龍神は敵味方の見境なく暴れ出す！

LOCK ON!!

逆鱗
龍神の喉元にある逆さに生えた鱗を「逆鱗」という。これに触れられると、龍神は怒りで凶暴化する。

アルゴスは、龍神の喉元にある逆さに生えた鱗に気づき、弱点かもしれないと考えた。そこでアルゴスは槍を投げてその付近を攻撃。槍は近くに刺さったが、龍神は怒り心頭。理性なく暴れ出し、周囲は大嵐となり、敵も味方も逃げ惑う事態になる。

バトルシーン 2
踏ん張りがきかない手長足長を転倒させる

あまりに激しい暴風雨により地面が大きくぬかるんで、手長足長はその巨体を支えるための踏ん張りがきかなくなっていた。そこでアルゴスとスキュラは、手長足長の足元を集中攻撃して、転倒させることに成功した。

バトルシーン 3
手長足長の各個撃破に成功

スキュラは手長の巨体をするすると伝って、ヘビの下半身で手長の首を絞め、イヌの頭で喉笛に噛みついた。一方のアルゴスは倒れた足長の頭を蹴り潰した。

手長足長脱落

バトルシーン6
弱体化していた龍神にアルゴスがトドメを刺す

金属が苦手な龍神は、逆鱗近くに刺さっていたアルゴスの槍によって、ダメージが少しずつ蓄積していたようだ。スキュラの締め上げに屈した龍神にアルゴスがトドメを刺し、戦いは決着した。

龍神の怒りの攻撃に耐え切り
最後は完全勝利で決着！

スキュラ＆アルゴスの勝利！

エキシビション-2　幻獣・妖怪混合マッチ

温羅＆タロス
VS
隠神刑部狸＆ワーウルフ

ワーウルフは温羅とタロスに挟み撃ちにあうが、素早い動きで敵を撹乱し、温羅を引きつけてタロスから遠ざける。それぞれが1対1となり、隠神刑部狸は幻術で自分の幻を多数出して、タロスを惑わしチャンスをうかがう。タロスの弱点はかかとの釘だと予想した隠神刑部狸は、大入道に化けて後ろから羽交い締めにすると、ワーウルフに指示し、釘を破壊させ戦闘不能にした。温羅は大入道にタックルし、隠神刑部狸を気絶させたが、すぐさまワーウルフの強烈な飛び蹴りにあい倒れる。そのまま喉笛を噛みちぎられた。

温羅

ワーウルフ

- パワー 9
- 知能 6
- 魔力 8
- スピード 5
- 防御力 8
- スタミナ 9
- 抗魔力 5
- タフネス 7

伝説の凶暴鬼と
疲れ知らずの巨人

温羅は岡山県で大暴れした伝説の鬼で、怪力を誇るだけでなく、動物に変身する能力も持つ。タロスは青銅でできた巨大な自動人形で、疲れることなく動き続け、怪力と体から高熱を出す能力を有する。パワーと防御に秀でたタッグなので、正面からぶつかって相手を潰そうとしたが……。

大きさの比較

戦闘体長

温羅
- 分類 …… 妖怪
- 伝承地域 …… 岡山県
- 出典 …… 各地の伝承など
- 戦闘体長 …… 5m

タロス
- 分類 …… 幻獣
- 伝承地域 …… ヨーロッパ
- 出典 …… ギリシア神話
- 戦闘体長 …… 10m

タロス

隠神刑部狸

最強の神通力を持つ狸と
凶暴なる獣人

隠神刑部狸は四国最高の神通力を持つ化け狸で、多くの部下たちを従えている。ワーウルフは頭がオオカミ、体が人間という半獣人で、鋭い爪や牙で人間や家畜を襲う凶暴さがある。知能も高く神通力も使える隠神刑部狸が、凶暴なワーウルフをうまく指揮したい。

大きさの比較 / 戦闘体長

パワー 7
知能 7
魔力 8
スピード 7
防御力 5
スタミナ 8
抗魔力 6
タフネス 6

隠神刑部狸
- 分類 …… 妖怪
- 伝承地域 …… 愛媛県
- 出典 …… 講談など
- 戦闘体長 …… 1.6m

ワーウルフ
- 分類 …… 幻獣
- 伝承地域 …… ヨーロッパ
- 出典 …… 東欧伝承
- 戦闘体長 …… 2m

隠神刑部狸&ワーウルフの勝利！

RANKING-2

防御力／タフネス

防御力は体の頑丈さを、タフネスはいわば生命力を示す。高いほど粘り強く戦える。

防御力ランキング TOP10

1 酒呑童子&大嶽丸
酒呑童子も大嶽丸も大型の鬼なので、体は頑丈で、並みの攻撃ではびくともしない。

2 アルゴス&スキュラ
アルゴスの鍛え上げられた肉体は、どんな激闘にも耐えられる。

3 だいだらぼっち&海坊主
だいだらぼっちの大きな体には、普通の物理攻撃でダメージを与えるのは難しい。

4	両面宿儺&大百足	8	龍神&手長足長
5	八岐大蛇&雪女	9	ミノタウロス&ケンタウロス
6	山ン本五郎左衛門&狒々	10	ロック鳥&ナーガ
7	フロストジャイアント&イフリート		

タフネスランキング TOP10

1 アルゴス&スキュラ
頑丈な戦士アルゴスと、不死の存在ともいわれるスキュラ。タフさを誇るチームだ。

2 だいだらぼっち&海坊主
長時間の戦いにも耐え続けるだいだらぼっちと、根気強い海坊主のペアだ。

3 リッチ&スライム
不死のリッチと、分裂しても元通りになるスライム。しぶとさはピカイチだ。

4	八岐大蛇&雪女	8	山ン本五郎左衛門&狒々
5	酒呑童子&大嶽丸	9	ロック鳥&ナーガ
6	フロストジャイアント&イフリート	10	龍神&手長足長
7	ゴーレム&ヴァンパイア		

準決勝-1

山ン本五郎左衛門 & 狒々

怪異の魔王と剛腕なる野獣

パワー 8
魔力 8
防御力 7
抗魔力 6
タフネス 8
スタミナ 10
スピード 6
知能 8

山ン本五郎左衛門（上）
多くの妖怪たちを従えるボス。魔王としての力を秘め、数々の不思議を発生させる。

- 分類 ……… 妖怪
- 伝承地域 …… 広島県
- 出典 ……… 『稲生物怪録』
- 戦闘体長 …… 2m

狒々（下）
身軽で力もある、サルの妖怪。人間を引き裂くなど、凶暴さもトップクラスを誇る。

- 分類 ……… 妖怪
- 伝承地域 …… 各地の山間部
- 出典 ……… 『和漢三才図会』など
- 戦闘体長 …… 3m

前回の戦い VS ゴーレム＆ヴァンパイア　　P.080

麻痺魔法を妨害されたヴァンパイアは、山ン本が召喚した妖怪を怪力で吹っ飛ばし、吸血して体力を奪う。しかし山ン本は地面にネバネバした液体の罠をしかけており、ヴァンパイアは動きを封じられる。そこへ狒々の飛び蹴りによってゴーレムが倒れ込み、山ン本が木の杭でトドメを刺した。

酒呑童子 & 大嶽丸

鬼の大将と神通力を操る鬼神魔王

酒呑童子（上）
京の都で暴れ回った鬼軍団のリーダー。知能、体力に優れ、妖術も使うという。

- 分類 …………… 妖怪
- 伝承地域 …… 京都府、滋賀県、新潟県など
- 出典 …………『大江山絵詞』『酒呑童子絵巻』など
- 戦闘体長 …… 5m

大嶽丸（下）
鈴鹿山に棲む鬼神で、強大な神通力を誇る。武器を召喚したり、空を飛ぶことも可能。

- 分類 …………… 妖怪
- 伝承地域 …… 三重県と滋賀県の県境
- 出典 …………『田村の草子』など
- 戦闘体長 …… 4.5m

ステータス
- 知能 7
- パワー 8
- 魔力 8
- 防御力 10
- 抗魔力 7
- タフネス 8
- スタミナ 8
- スピード 6

前回の戦い vs 九尾の狐＆鬼女紅葉　P.086

三明の剣で暴れる大嶽丸に対し、九尾の狐は幻術を利用して剣の奪取に成功。しかし、狙いに気づいていた酒呑童子がこれを奪い返す。そのまま剣で攻撃し、九尾の狐は戦闘不能に。酒呑童子は大嶽丸ごと鬼女紅葉を斬りつけ勝利するが、これでタッグの雰囲気はさらに険悪になった。

準決勝-1

対戦ステージ　**神社前**

手下を使って、狒々との連携もとれた山ン本チーム。対する鬼タッグは、互いの戦い方の印象が最悪で、連携面に不安が残る。

バトルシーン 1　強敵相手に山ン本は総力戦をしかけていく

山ン本が手下たちを総動員いきなりの大乱戦に！

強敵を前にした山ン本は、闇の世界から多数の妖怪を召喚。酒呑童子は金棒を振り回し、この多数の妖怪を払っていく。一方、狒々は大嶽丸に狙いを定めて飛びかかると、猛攻をしかけた。大嶽丸は剣を駆使し、狒々の苛烈な攻撃に対処する。

手下たちを召喚
魔王である山ン本は多数の妖怪たちを従える。彼の召喚で駆けつける、頼もしい手下たちだ。

LOCK ON!!

110

バトルシーン 2 大嶽丸の危機を救う酒呑童子のスイング

金棒を振り回して、召喚された妖怪たちを蹴散らす酒呑童子。一方の大嶽丸は、多数の妖怪と拂々の繰り出す攻撃に圧倒されていた。その様子を察知した酒呑童子は、大きなスイングで生首を拂々に打ち当てて、大嶽丸を救う。

最強の鬼の呼び名
パワーと頑丈な体、天才的な戦いのセンスを併せもつ酒呑童子は、乱戦での判断や危険察知能力も高い。

LOCK ON!!

バトルシーン 3 山ン本が力を解放!! 魔王の格を見せつける

大嶽丸を助けることに集中した酒呑童子にスキが生まれた。山ン本はここが勝負どころと見て、魔王の力を発現。巨大な足で酒呑童子を蹴りつける。かつて味わったことのない強大なパワーで、酒呑童子は蹴り飛ばされてしまった。

111

バトルシーン 6 険悪だった鬼タッグが見事な連携を見せる

酒呑童子の漢気が大嶽丸に届いた！起死回生の連携プレー!!

山ン本の動きを封じた酒呑童子は、意識を失いかけながらも大嶽丸に目配せをする。険悪なムードだった両者だが、大嶽丸は酒呑童子の戦いぶりに信頼心を取り戻す。そして、今までのわだかまりを捨てて、魔王をも倒す力のある三明の剣で山ン本を背中から斬りつけた。

酒呑童子＆大嶽丸の勝利！

準決勝-2

フロストジャイアント&イフリート

知勇あふれる氷の巨人と燃える炎の魔神

フロストジャイアント（上）
氷結魔法を得意とする、筋骨たくましい巨人。武具の製造技術や魔法の知識にも通ずる。

- 分類 …………… 幻獣
- 伝承地域 ……… ヨーロッパ
- 出典 …………… 北欧神話
- 戦闘体長 ……… 8m

イフリート（下）
炎を自在に操る精霊。体の大きさや形を変えたり、分身したりする魔法も使いこなす。

- 分類 …………… 幻獣
- 伝承地域 ……… 西アジア
- 出典 …………… イスラム、アラブの神話伝承など
- 戦闘体長 ……… 3m

ステータス: 知能10、パワー8、魔力8、防御力7、抗魔力7、タフネス8、スタミナ7、スピード6

前回の戦い vs リッチ&スライム　　P.094

リッチは、風の魔法でスライムを飛ばし、イフリートの動きを封じる。イフリートは自爆でスライムを爆散させることに成功するが、爆発に巻きこまれてもリッチはすぐに復活。フロストジャイアントはスライムの体を凍らせてリッチに投擲すると、召喚されたスケルトンをなぎ倒し、リッチを引き裂いた。

アルゴス＆スキュラ

百目の死角なき戦士と多頭の海の怪物

アルゴス（上）
全身に100（または1000）の目をもつという巨人。目を交代で休ませて、不眠不休で戦う。

- 分類 …………… 幻獣
- 伝承地域 ……… ヨーロッパ
- 出典 …………… ギリシア神話
- 戦闘体長 ……… 8m

スキュラ（下）
上半身は人間、下半身は12匹分のヘビの足の上に6つのイヌの頭がついているともいう。

- 分類 …………… 幻獣
- 伝承地域 ……… ヨーロッパ
- 出典 …………… ギリシア神話
- 戦闘体長 ……… 4m

パワー 8
魔力 6
防御力 9
抗魔力 7
タフネス 10
スタミナ 8
スピード 6
知能 8

前回の戦い vs 龍神＆手長足長　P.100

逆鱗を攻撃され怒った龍神によって、戦闘の場に嵐が巻き起こる。それに乗じた幻獣チームが手長足長を転倒させると、各個攻撃して戦闘不能に。龍神は敵に落雷を直撃させるが、アルゴスのガードで無事だったスキュラによって地に落とされ、最後はアルゴスが槍でトドメを刺した。

バトルシーン 2 フロストジャイアントがついにスキュラにつかまる

猛攻を受け、フロストジャイアントは追い込まれていく。そのうちアルゴスの連撃が足にヒットし、膝をついてしまった。そのスキを見て、スキュラはすかさず、フロストジャイアントの上半身に飛びつき、ヘビの足で首を絞め始める。

ヘビのような足
スキュラは無数のヘビのような足で、敵に絡みつく。一度巻きつかれたら、抜け出しようがない。

LOCK ON !!

バトルシーン 3 立ちふさがるアルゴスにイフリートは大苦戦

イフリートはフロストジャイアントを助けようと、分身して突進をしかける。だがそこに、アルゴスが立ちふさがる。アルゴスは100の目で本体を見極めて攻撃するため、イフリートはなかなか近づけない。

117

準決勝-2

バトルシーン 4 噛みつかれると同時に氷結魔法も決まるが……

- スキュラ脱落
- フロストジャイアント脱落

スキュラは短剣で額を突き刺し、イヌの部分が、フロストの喉笛に噛みつく。と同時に、スキュラの体は氷漬けになる。じつはフロストは、もがきつつも氷結の魔法陣を発生させていたのだ。しかしスキュラが喉に噛みついたまま凍ったため、フロストはそのまま窒息してダウンした。

バトルシーン 5 巨大化したイフリートがアルゴスを捕える

怒ったイフリートは巨大化して、全身に炎をまといアルゴスに突進する。アルゴスもイフリートに向けて槍を突き立てるが、イフリートはケガを負いながらも、正面から組みついた。

イフリートの巨大化
イフリートは火炎魔法だけでなく、分身やサイズ変更など、さまざまな魔法も使える。

LOCK ON!!

バトルシーン 6 イフリートの炎によってアルゴスの目が攻撃される

槍に身を貫かれながらも決死の攻撃で勝利をつかむ！

炎をまとったイフリートに抱きつかれ、アルゴスの目が次々と機能を失っていく。あまりの痛みに、アルゴスは叫び声を上げた。イフリートは追い討ちをかけ、火炎魔法で残りの目も攻撃していく。やがてアルゴスはぐったりして動かなくなった。

フロストジャイアント＆イフリートの勝利！

エキシビション-3　幻獣・妖怪混合マッチ

ぬりかべ&フンババ
VS
オハチスエ&刑天

　刑天が斧で、オハチスエが刀で襲いかかり、ケガを負ったフンババはいきなりピンチに。そこにぬりかべが地面から出現し、フンババを徹底ガード。ぬりかべの体は絶対に回り込めないため、オハチスエが大ジャンプでぬりかべを飛び越えようと試みる。しかし耳のいいフンババは、敵の怪しい動きを音だけで予測。後ろから味方であるぬりかべを思いっきり押し倒し、刑天ごと押し潰す作戦に。バランスを崩したオハチスエが巻き込まれてKO。ギリギリ助かった刑天も、フンババが吐いた炎に焼かれて倒れた。

オハチスエ

刑天

刀を持つ凶暴妖怪と
武器を持つ巨人

　オハチスエは空き家に勝手に棲み着く凶暴な妖怪で、よく切れる刀を持って動物や人間を斬りつける。刑天は中国神話の巨人で、頭部がなく、胸部分に顔があり、斧と盾を手にしている。武器を持つ好戦的な2体のタッグだけに、攻撃力はトップクラスだったのだが……。

パワー 8
知能 7
魔力 5
スピード 5
防御力 7
スタミナ 9
抗魔力 7
タフネス 8

大きさの比較

戦闘体長

オハチスエ

🔥 分類 ……… 妖怪
🔥 伝承地域 …… 北海道
🔥 出典 ……… アイヌ伝承
🔥 戦闘体長 …… 1.8m

刑天

🔥 分類 ……… 幻獣
🔥 伝承地域 …… 中国
🔥 出典 ……… 『山海経』など
🔥 戦闘体長 …… 5m

ぬりかべ

見えない通せんぼうと手強い森の番人

フンババは太い腕で侵入者を薙ぎ倒す森の番人で、耳がよく、口からは毒や炎も吐く。ぬりかべは通行する人の前に立ちはだかる、見えない壁のような妖怪で、どこまで行っても回り込めない。ぬりかべが盾となり、フンババが攻撃する作戦が必勝パターン。

大きさの比較

戦闘体長

フンババ

- パワー 8
- 知能 6
- 魔力 5
- スピード 5
- 防御力 9
- スタミナ 8
- タフネス 9
- 抗魔力 6

ぬりかべ
- 分類 …… 妖怪
- 伝承地域 …… 福岡県など
- 出典 …… 柳田國男「妖怪名彙」など
- 戦闘体長 …… 3〜10m

フンババ
- 分類 …… 幻獣
- 伝承地域 …… メソポタミア
- 出典 …… メソポタミア神話
- 戦闘体長 …… 5m

ぬりかべ＆フンババの勝利！

決勝

酒呑童子 & 大嶽丸

鬼の大将と神通力を操る鬼神魔王

酒呑童子（上）
京の都で暴れ回った鬼軍団のリーダー。知能、体力に優れ、妖術も使うという。

- 分類……………妖怪
- 伝承地域………京都府、滋賀県、新潟県など
- 出典……………『大江山絵詞』『酒呑童子絵巻』など
- 戦闘体長………5m

大嶽丸（下）
鈴鹿山に棲む鬼神で、強大な神通力を誇る。武器を召喚したり、空を飛ぶことも可能。

- 分類……………妖怪
- 伝承地域………三重県と滋賀県の県境
- 出典……………『田村の草子』など
- 戦闘体長………4.5m

ステータス:
- パワー: 8
- 知能: 7
- 魔力: 8
- スピード: 6
- 防御力: 10
- スタミナ: 8
- 抗魔力: 7
- タフネス: 8

前回の戦い　VS 山ン本五郎左衛門 & 狒々　　P.110

山ン本の手下や狒々と戦う酒呑童子だったが、山ン本の蹴りで吹っ飛ばされる。すぐに山ン本の手刀がせまり、酒呑童子はとっさに狒々を盾にするが、結局は体を貫かれてしまう。しかし山ン本の腕を押さえて動きを封じると、酒呑童子の思いを受けた大嶽丸は、山ン本を斬りつけて勝利した。

フロストジャイアント＆イフリート

知勇あふれる氷の巨人と燃える炎の魔神

パワー 8
魔力 8
防御力 7
抗魔力 7
タフネス 8
スタミナ 7
スピード 6
知能 10

フロストジャイアント（上）
氷結魔法を得意とする、筋骨たくましい巨人。武具の製造技術や魔法の知識にも通ずる。

- 分類 …………… 幻獣
- 伝承地域 ……… ヨーロッパ
- 出典 …………… 北欧神話
- 戦闘体長 ……… 8m

イフリート（下）
炎を自在に操る精霊。体の大きさを変えたり、分身したりする魔法も使いこなす。

- 分類 …………… 幻獣
- 伝承地域 ……… 西アジア
- 出典 …………… イスラム、アラブの神話伝承など
- 戦闘体長 ……… 3m

前回の戦い vs アルゴス＆スキュラ　P.116

フロストジャイアントは敵の連続攻撃に苦戦し、スキュラに絡みつかれる。なんとか氷結魔法で凍らせることに成功するが、自身も戦闘不能に。イフリートは巨大化し、炎をまとってアルゴスに抱きつくことでアルゴスの体じゅうの目を攻撃し、戦闘不能に追いこんだ。

バトルシーン 2 大嶽丸が酒呑童子を救うがイフリートがさらに追撃

大嶽丸は魔剣「三明の剣」のうち、2本を地面に突き刺し、酒呑童子の足元の氷を砕くことに成功。酒呑童子は動けるようになったが、その瞬間、イフリートが分身して作った巨大な火球が酒呑童子に襲いかかる。

バトルシーン 3 顕明連の力で巨大火球を跳ね返す

LOCK ON!!

顕明連
大嶽丸が持つ三明の剣は、魔王を倒す力を秘めており、顕明連は水流を発生させる力がある。

酒呑童子の危機に、大嶽丸が火球の前に立ちふさがる。三明の剣のひとつ「顕明連」を構えると、剣から凄まじい勢いの水流が発生。巨大火球を押し返し、さらにイフリートの分身もかき消してしまった。

125

決勝

バトルシーン 4
フロストジャイアントが相打ち覚悟の突撃攻撃

顕明連しか持たず、大量の妖力を放った大嶽丸に大きなスキが生まれた。フロストジャイアントは、それを見逃さず氷結魔法をまとい、大嶽丸に突進する。大嶽丸もすかさず顕明連を相手に突き刺して倒すが、同時に大嶽丸も凍らされて戦闘不能となった。

フロストジャイアント脱落

大嶽丸脱落

バトルシーン 5
正面からぶつかった両者は拳で殴り合う

残る酒呑童子とイフリートは、接近して肉弾戦へと移行する。組み合ってお互いの首を持ちながら、渾身の力を振り絞り、拳で互いに殴り合う。酒呑童子のパワーは凄まじいが、イフリートのパンチは炎をまとっている。

イフリートの炎のパンチ
イフリートは力もある上に、炎をまとってパンチすることで、よりダメージを増している。

LOCK ON!!

バトルシーン 6 壮絶な殴り合いを制したのは鬼の大将！

大嶽丸の攻撃の効果が現れる！酒呑童子がパンチ合戦に競り勝つ！

炎のパンチで焼け焦げながらも、酒呑童子は力を弱めることなくイフリートの顔面を殴り続ける。そして、大嶽丸の水流を受け、弱体化していたイフリートが徐々にペースダウン。ついに力尽きてしまった。お互いの意地をかけた殴り合いは、酒呑童子に軍配が上がった。

優勝は酒呑童子＆大嶽丸！

RANKING-3

知能／スピード

知能はチーム戦術を考える頭のよさを、スピードは攻撃や移動の速度を示す。

知能ランキング TOP10

1　フロストジャイアント&イフリート
フロストジャイアントは知識も豊富で、術も駆使する。頭のよさはトップクラスだ。

2　九尾の狐&鬼女紅葉
九尾の狐はパワーこそないが、ずる賢さは秀でており、相手をだますのはお手のものだ。

3　山ン本五郎左衛門&狒々
魔王である山ン本五郎左衛門は、その高い知能をもって手下の妖怪たちを統率する。

4 大天狗&土蜘蛛	8 龍神&手長足長
5 アルゴス&スキュラ	9 ゴーレム&ヴァンパイア
6 リッチ&スライム	10 ロック鳥&ナーガ
7 酒呑童子&大嶽丸	

スピードランキング TOP10

1　ロック鳥&ナーガ
巨鳥であるロック鳥は、大きな翼をはばたかせ、猛スピードで敵を追い詰める。

2　グリフォン&バジリスク
グリフォンは飛ぶ力が強く、敵に狙いを定めたときの瞬発力は脅威的だ。

3　九尾の狐&鬼女紅葉
鬼女紅葉は武芸にも秀でており、無駄のない動きで素早く敵に切りこんでいく。

4 キマイラ&ケルベロス	8 大百足&両面宿儺
5 ミノタウロス&ケンタウロス	9 アルゴス&スキュラ
6 大天狗&土蜘蛛	10 酒呑童子&大嶽丸
7 山ン本五郎左衛門&狒々	

RANKING-4
魔力／抗魔力

魔力は魔術や妖術、一部の特殊能力を発揮する力、抗魔力はそれらを防ぐ力を示す。

魔力ランキング TOP10

1 九尾の狐&鬼女紅葉
九尾の狐も鬼女紅葉も術の使い手で、敵を惑わせる力は群を抜いている。

2 大天狗&土蜘蛛
大天狗は神通力の、土蜘蛛は妖術の使い手なので、両者とも妖しい術を駆使して戦う。

3 フロストジャイアント&イフリート
フロストジャイアントは氷結魔法、イフリートは火炎魔法の使い手。二人の連携が光る。

4	山ン本五郎左衛門&狒々	8	グリフォン&バジリスク
5	リッチ&スライム	9	ロック鳥&ナーガ
6	龍神&手長足長	10	ゴーレム&ヴァンパイア
7	酒呑童子&大嶽丸		

抗魔力ランキング TOP10

1 リッチ&スライム
リッチは高い魔法知識を持ち、全チームで唯一、耐性付与魔法を使いこなす。

2 ゴーレム&ヴァンパイア
不死の体を持ち、魔法も使いこなすヴァンパイアは、魔法にも特殊能力にも対抗できる。

3 九尾の狐&鬼女紅葉
九尾の狐は最強クラスの妖術使いだけに、相手が使う妖術に対しても強く抵抗できる。

4	酒呑童子&大嶽丸	8	龍神&手長足長
5	フロストジャイアント&イフリート	9	山ン本五郎左衛門&狒々
6	大天狗&土蜘蛛	10	キマイラ&ケルベロス
7	アルゴス&スキュラ		

コラム ❹
タッグを超えた「軍団バトル」!!
～天使軍団＆悪魔軍団を解説～

今回は幻獣同士、妖怪同士のタッグバトルだが、もっと大きなくくりの軍団同士で戦っている者たちがいる。それが天使と悪魔だ。

いろいろな宗教で生まれた、天使と悪魔

世界中にはいろいろな宗教があるが、天使と悪魔はユダヤ教、キリスト教、イスラム教の聖典や伝承に登場する。この3つの宗教は共通の起源を持っており、唯一神を信仰している。この神と人間の仲介役をする存在が天使で、悪魔はその神と敵対する存在である。現代では天使・悪魔というと、一般的にはキリスト教でのそれを指す場合が多い。

天使（キリスト教の場合）

キリスト教で天使は、神の御使いとされている。神のお告げを伝令したり、人間を見守ったり導いたり、悪魔と戦ったりする。天使は人間よりも強大な力を持つ霊的な存在で、性別はないものとされている。絵画ではよく、背中に翼が生え、頭に天使の輪（光輪）がある姿で描かれている。また上級の天使であるほど翼の枚数が増える。

● 神と人をつなぐ使者

神がいる天界と、人間がいる地上界をつなぐ仲介役が天使である。人間と接触する機会が多いものの、天使自体は信仰の対象とはならない。

悪魔（キリスト教の場合）

悪魔は神と敵対する存在で、全悪魔を支配する魔王がサタンである。このサタンと同一視されたのがルシファーで、元は天使だったが、罪を犯して天界から追放され悪魔となった。また、悪魔の英語名のデビルとデーモンはどちらも有象無象の悪魔という意味だが、デーモンは異教の邪神や鬼など、そのほかの悪の存在も含む傾向にある。

● 悪魔の分類

サタン
数多くの悪魔を支配している大魔王。天界の神に歯向かう、悪の根源。

ルシファー
天使から悪魔に堕ちた堕天使の長。おごり高ぶって、神に背いた。

同一視

部下

デビル
一般的な悪魔。サタンの手下として、人間をたぶらかして悪事に誘う。

デーモン
デビルと同じ意味だが、キリスト教以外の魔物や悪の存在も含む。

天使と悪魔の軍団抗争

この世の宇宙、地球、動物、人間などは神が創造した。神は人間を愛し、自由意志を与えたが、彼らを正しく導くために、天使を使わしている。そんな神と敵対するのがサタンと悪魔で、人間をたぶらかして悪事に導く。ミカエルをリーダーとする天使軍は、神に反逆したルシファー率いる堕天使軍と戦闘。敗れた堕天使は地獄に追放され、悪魔となった。

天使と悪魔の相関図

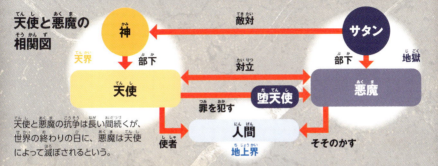

天使と悪魔の抗争は長い間続くが、世界の終わりの日に、悪魔は天使によって滅ぼされるという。

天使の組織

偽ディオニシウスによれば、天使は9つの階級に分かれ、任されている仕事や役割が決まっている。上位にいくほど、神に近い存在とされ、下位にいくほど、人間と接触する機会が増える。個人を守る守護天使も、一番下の階級の天使になる。

●偽ディオニシウスによる位階

神に近い ↕ 人間と接触	第1階級	熾天使（セラフィム）
		智天使（ケルビム）
		座天使（スローンズ）
	第2階級	主天使（ドミニオンズ）
		力天使（ヴァーチュズ）
		能天使（パワーズ）
	第3階級	権天使（プリンシパリティーズ）
		大天使（アークエンジェルス）
		天使（エンジェルス）

　　　　　ミカエルなど、三大天使はココ

絵画などでよく描かれる三大天使（ミカエル、ガブリエル、ラファエル）は第3階級で、下から2番目。有名で強そうだが、実は階級は下のほうになる。

※天使の英語名は複数形です。

悪魔の組織

悪魔の階級は、書物によって多種多様である。魔術書のひとつ『大奥義書』によれば、支配者である3大悪魔が最上位で、その配下に6柱の次席上級悪魔がいる。次席上級悪魔はそれぞれ、3柱の配下（6×3＝18属官）を指揮するという。

●『大奥義書』による上級組織

3大支配悪魔	皇帝ルシファー
	主子ベルゼブブ
	大公アスタロト
次席上級6悪魔	宰相ルキフゲ・ロフォカレ
	大将軍サタナキア
	将軍アガリアレプト
	中将フルーレティ
	准将サルガタナス
	元帥ネビロス
↓	
18属官	

※このほか、天使と同じ9階級を悪魔に当てはめたものもある。

次席上級悪魔にはそれぞれ役割があって、その下に何百万もの下級悪魔を従えている。黒魔術では、目的に応じて次席上級悪魔を召喚するという。

～戦いを

タッグバトルを制したのは酒呑童子と大嶽丸の鬼コンビ

　幻獣同士、妖怪同士のタッグによるトーナメントを制し、王座に輝いたのは、酒呑童子と大嶽丸のタッグチームだった。酒呑童子は筋骨隆々で怪力、武器も使いこなすタフな戦士で、戦いのセンスも兼ね備えている。大嶽丸は強大な神通力を持つ鬼で、パワーもさることながら、空を飛んだり術を使ったりするほか、魔剣「三明の剣」の加護のおかげで、防御面にも優れている。バランスもよく、総合的な力としては優勝するにふさわしいコンビだといえる。
　ただ、このチームの弱点は連携だった。お互いに自分の勝利しか目に入っておらず、相棒にもダメージを与えてしまうことにためらいがなかった。そのため、トーナメントを勝ち進むうちに、どんどん険悪な仲になった。だが、危機を乗り越えお互いを認め合えたことで、連携が取れるようになり、優勝をつかみ取っている。やはり、ただ強い者同士が組むことだけでなく、コンビネーションやお互いの信頼度も、タッグ戦においては勝ち上がるための重要な要素といえるだろう。

チームプレイを存分に発揮した注目のタッグチームたち

　チームプレイという点では、準優勝のフロストジャイアントとイフリートは、抜群のコンビネーショ

終えて〜

ンを見せた。氷結魔法、火炎魔法と、それぞれ得意な魔法攻撃を駆使して戦っている。ただ、フロストジャイアントが強敵を倒すために自分も犠牲となり、数的不利な状況にならざるをえなかったことは残念だ。

また、今回の新規参加選手の中では、スキュラとアルゴスも連携のとれたチームだった。スキュラには、ヘビの足で敵の首を締め上げ、イヌの頭で喉笛を噛み切るという必勝パターンがある。これを活かすために、アルゴスは、周りの状況を把握し、的確にサポートや指示を出すことで、タッグを勝利へ導く流れを作った。

バトルの要所で目立った知能の高い幻獣・妖怪たち

最後に、今回のタッグバトルで目を見張ったのが、高い知能を持つ幻獣・妖怪たちの存在だろう。例としては、ヴァンパイアやリッチ、山ン本五郎左衛門、九尾の狐などが挙げられる。不利な状況を打開し、強敵を倒すべく罠をしかけたり、弱点を突いたり、作戦を考えたりと、頭をフル回転。タッグならではの攻略を見出していた。

トーナメントの進み具合によっては大番狂わせも期待できる戦いっぷりだったし、組み合わせが異なれば、違った結果にもなったかもしれない。もし機会があって、また違うタッグチームでのバトルが組まれたとしても、高い知能を持つ幻獣・妖怪の存在が戦いのカギとなるのは間違いなさそうだ。

知識が深まる
用語集

ここでは、本書に登場する幻獣、妖怪たちに関する用語や、バトル中に登場した言葉について解説しよう。

🔥 鬼

力強くて暴れん坊、人間を喰うこともある。一般的なイメージは、頭に角を生やし、強靭な体で金棒を持つといったものだろうか。独自の名前がついたものも多い。

🔥 巨人

人間よりもはるかに体が大きい、人型の生き物。大きさの度合いもさまざまで、山のように大きな者も。乱暴者だったり、賢く友好的だったり、タイプもいろいろ。

🔥 幻獣

今後、定義が明確になっていくと思われる存在。伝説の生き物であることが多く、現実の動物とは異なる姿や能力を有する。人間の想像力によって生み出されたと考える者もいるが、異界からの来訪者である可能性もある。

🔥 幻術

人心を惑わす不思議な技のこと。妖術、魔法などもほぼ同義で使われる。

🔥 合成獣

複数の生き物の体の一部をつなぎ合わせた姿をした生き物のこと。キマイラやスキュラなどがその一例。

🔥 獣人

読んで字のごとく、獣と人が合体したような怪物のこと。ミノタウロスやワーウルフのように動物の頭で体が人型の場合と、ケンタウロスや人魚のように上半身が人間で下半身が動物の場合がある。

🔥 召喚

本来その場に存在しないアイテムや、味方などを呼び寄せる術。魔力の強い山ン本五郎左衛門は、多数の手下を一気に呼び出す大技を披露した。

🔥 邪眼

邪悪な目つきのことで、魔力などの特殊能力によって、相手をにらみつけて呪いをかける目。視線を合わせると、石化することができる。幻獣だけでなく、天使や神などにも邪眼の使い手がいる。魔眼ともいう。

🔥 瘴気

病気を引き起こす悪い空気。山や川の悪い気や毒気から発生するといわれる。

🔥 神通力

人智では計り知れない、神秘的で超人的な能力。もとは仏語であり、修行によって得られるものとされる。強力な妖怪の類がもっている場合もある。

蘇生

一度死んだ生き物が、再び生命を取り戻すこと。リッチは一度死んでから蘇生され、不死の体となる。そして呪符が破られない限り、その肉体は何度でも復活できる。

耐性付与

ダメージを受けない、または軽減する「耐性」効果を対象に与えること。リッチはこの耐性付与の魔法を自身と仲間に駆使し、しぶとく戦うことができた。

天候操作

天候を変えられる能力。嵐や大雨を呼び寄せるナーガや龍神、吹雪を発生させる雪女の能力などがこれにあたる。

毒気

毒性のある空気で、毒ガスのようなもの。これを吸い込むと、全身が毒に冒されてしまう可能性がある。

飛行能力

自在に空を飛ぶ能力。鳥のように自分の翼を使って飛ぶものもいるが、大嶽丸やイフリートのように、魔術や神通力で空を飛ぶものもいる。

不死身

痛めつけられても、影響を受けないこと。また、その体のことをいう。ヴァンパイアのように、不死身であっても急所や弱点がある者もいる。

魔剣

鞘からはなれると人に危害を加えるという剣で、強大な力が秘められていることがある。

魔術・妖術

人心を惑わす、怪しく不思議な術のこと。妖術、魔法、幻術などもほぼ同義で使われる。

魔法陣

魔術で用いられる文字などの紋様で構成された円。また、それによって区切られた空間。魔術を発生させるほか、術者の魔力を増幅させたり、封じたりする。

冥府

死後の世界のことで、冥界ともいう。世界中の神話などで見られ、日本では黄泉の国ともいう。

妖怪

人間の理解を超えた、不思議な現象や存在のこと。災いを招きそうな不吉なさまをあらわすこともある。

もっと知りたい 選手データ

トーナメントとエキシビションに登場した幻獣、妖怪たちを、それぞれ50音順に紹介。生態や戦い方を確認しよう。

アルゴス　P.063・098・115

全身に100（または1000）の目を持つ巨人。完全に眠ることがなく、常に半分の目は開いている。神々からの命令で、エキドナなどの怪物を退治した。ゼウスの恋人イーオーが変身したウシを見張っていたが、ヘルメスという神に眠らされ、殺されてしまう。

- 分類 ▶▶▶ 幻獣
- 伝承地域 ▶▶▶ ヨーロッパ
- 出典 ▶▶▶ ギリシア神話
- 戦闘体長 ▶▶▶ 8m

イフリート　P.049・092・114・123

魔術に秀でていて、とくに炎を操ることが得意な精霊（アラブ世界ではジンという）。変身も得意で、大男になったり、小さくなったりすることができる。知能が高い一方、短気で調子に乗りやすく、そのせいで人間にだまされてしまう話もある。

- 分類 ▶▶▶ 幻獣
- 伝承地域 ▶▶▶ 西アジア
- 出典 ▶▶▶ イスラム、アラブの神話伝承など
- 戦闘体長 ▶▶▶ 3m

ヴァンパイア　P.029・079

人間に似た怪物。死なないために人の血を吸い、不死の存在となった。吸血鬼とも呼ばれる。太陽光が苦手で、昼は棺桶の中で眠り、夜になると行動する。十字架やニンニクを嫌い、心臓を杭で突かれない限り死なないなどの特徴もある。

- 分類 ▶▶▶ 幻獣
- 伝承地域 ▶▶▶ ヨーロッパなど
- 出典 ▶▶▶ ヨーロッパ伝承
- 戦闘体長 ▶▶▶ 2m

海坊主　P.048

突如海面が盛り上がって出現する、正体不明の黒い巨体の生き物。海面に出現するときは海が荒れ、人間が乗る船を沈めようとする。大きさは個体によってまちまちで、山のように巨大なものもいれば、人間サイズのものもいる。海法師、海入道などともいう。

- 分類 ▶▶▶ 妖怪
- 伝承地域 ▶▶▶ 全国各地
- 出典 ▶▶▶ 『閑窓自語』『南窓閑話』など
- 戦闘体長 ▶▶▶ 20m

大嶽丸　P.034・084・109・122

鈴鹿山に棲みついた悪鬼。妖術に長けており、空を自在に飛んだり、暴風や落雷を発生させ、火の雨を降らせることができる。さらに魔剣「三明の剣」を所持しており、その加護により誰も倒せなかったが、この剣を奪われたことで神通力が弱まり、退治された。

- 分類 ▶▶▶ 妖怪
- 伝承地域 ▶▶▶ 三重県と滋賀県の県境
- 出典 ▶▶▶ 『田村の草子』など
- 戦闘体長 ▶▶▶ 4.5m

トーナメント

大天狗　P.054

体が大きい、または位の高い天狗のこと。仏僧や修験者などが死後、大天狗になることがある。そのためか、山伏のような格好をしているイメージが強い。鼻が高く、半人半鳥の姿であることも多い。さまざまな不思議を巻き起こすことができる。

- 分類 ››› 妖怪
- 伝承地域 ››› 全国各地
- 出典 ››› 『今昔物語集』謡曲『鞍馬天狗』など
- 戦闘体長 ››› 2.5m

大百足　P.028

各地で語られる巨大なムカデ。滋賀県の三上山に棲みついていたものが有名。そのムカデは山を7巻半するほどの大きさで、琵琶湖を治める龍宮の王を苦しめた。しかし結果的には矢で射られて、退治されてしまった。

- 分類 ››› 妖怪
- 伝承地域 ››› 全国各地
- 出典 ››› 『俵藤太絵巻』など
- 戦闘体長 ››› 50m

鬼女紅葉　P.042・085

長野県の戸隠山を舞台とした伝説の主人公。この世のものとは思えない美女だという。謡曲『紅葉狩』では、紅葉を鑑賞する美女の正体を鬼と見破った武将・平維茂によって退治されてしまう。妖術を駆使して盗賊を従えたという話もある。

- 分類 ››› 妖怪
- 伝承地域 ››› 長野県
- 出典 ››› 謡曲『紅葉狩』など
- 戦闘体長 ››› 2m

キマイラ　P.035

ヤギとライオンとヘビの合成獣。頭部と胴体がライオン、首の後ろからヤギの頭が生え、尻尾が毒ヘビの頭になっている。アミソーダロスという王様に育てられた怪物だが、女神アテネの導きでペガサスを手に入れた英雄、ベレロポーンによって退治される。

- 分類 ››› 幻獣
- 伝承地域 ››› ヨーロッパ、西アジア
- 出典 ››› ギリシア神話
- 戦闘体長 ››› 5m

九尾の狐　P.042・085

9本の尻尾をもつ妖狐。人間に変身したり、毒気をばらまくなどさまざまな妖術を使う。知能も高くてずる賢く、平安時代には玉藻前という女官に化け、鳥羽上皇を病気にした。退治されてもなお、殺生石という毒石になって毒気を放ち続けた。

- 分類 ››› 妖怪
- 伝承地域 ››› 京都府、栃木県
- 出典 ››› 謡曲『殺生石』『絵本三国妖婦伝』など
- 戦闘体長 ››› 5m

137

トーナメント

グリフォン　　　　　　　　　　P.069

頭と上半身がワシ、下半身がライオン（またはライオンの上半身に、ワシの頭と下半身）をもつという合成獣。鋭い爪と、ライオン8頭分という怪力を誇り、100羽のワシより獰猛といわれる。いっぺんに数頭のウシやウマをつかんでさらい、巣へと連れ去る。

分類	幻獣
伝承地域	ヨーロッパ、西アジア
出典	ヨーロッパの伝説や民間伝承など
戦闘体長	6m

ケルベロス　　　　　　　　　　P.035

死者の世界、冥界の出入り口を見張る番犬。頭は3つあり、尻尾はヘビで、口からは炎を吐く。3つの頭は、ひとつは死者が逃げ出さないよう、もうひとつは生者が冥界に入らないよう見張るため、最後の頭はトラブルに備えてとっておくのだという。

分類	幻獣
伝承地域	ヨーロッパ
出典	ギリシア神話
戦闘体長	4m

ケンタウロス　　　　　　　　　P.023

ウマの胴体から、人間の上半身が生えた姿の幻獣。男性のみの種族で、お酒や女性が好きな荒くれ者だという。しかし、なかには賢者として尊敬された個体（名前はケイローン）もおり、彼は多くの英雄に学問や武術を教えていた。

分類	幻獣
伝承地域	ヨーロッパ
出典	ギリシア神話
戦闘体長	3m

ゴーレム　　　　　　　　　P.029・079

巨大な人形。泥人形である場合もあり、作った者の命令に忠実に従う。痛みも疲れも感じることがないので、働き者で優秀な召使いとなる。額に「エメス」という刻印を刻むことで動くため、この文字を削り取られると動かなくなる。

分類	幻獣
伝承地域	ヨーロッパ
出典	ユダヤ伝承
戦闘体長	10m

山ン本五郎左衛門　　　　P.022・078・108

広島県三次市の『稲生物怪録』に登場する。その物語の中で魔物に統治された魔国のトップになるため、主人公の稲生平太郎に手下の妖怪たちをけしかけたり、怪異現象を起こしたりして、脅かし続けた。しかし勇敢な平太郎が怖がらず、最後には負けを認めた。

分類	妖怪
伝承地域	広島県
出典	『稲生物怪録』
戦闘体長	2m

酒呑童子

P.034・084・109・122

京都府の大江山に棲んでいた鬼の大将。多くの鬼を従え、都から人をさらって食うとしておそれた。源頼光に首をはねられてもなお、頼光の兜に噛みつくしぶとさを見せる。伝承によっては、知能に優れ、妖術も身につけていたという。

分類	妖怪
伝承地域	京都府、滋賀県、新潟県など
出典	『大江山絵詞』『酒呑童子絵巻』など
戦闘体長	5m

スキュラ

P.063・098・115

ギリシア神話の英雄、オデュッセウスが出会った海の怪物。上半身は人間、下半身は12匹分のイヌの上に6匹のイヌの頭がついているともいうが、説によって異なる。イヌの口は大きく裂け、サメのような鋭い歯が生えており、通りがかる人間を食べてしまう。

分類	幻獣
伝承地域	ヨーロッパ
出典	ギリシア神話
戦闘体長	4m

スライム

P.055・093

ネバネバな半透明の体をしている幻獣で、自由に姿を変えることができる。脳も内臓もなく、切り刻まれてバラバラになっても、欠片同士がくっついて元通りになる。その変幻自在な体を駆使して、獲物を体内に閉じ込めて窒息させ、ゆっくりと消化してしまう。

分類	幻獣
伝承地域	不詳
出典	SF小説
戦闘体長	不定形

だいだらぼっち

P.048

日本の広範囲に伝承が残る巨人のこと。山や湖などを作ることもある。滋賀県の地面を掘って、富士山を作り、そのあとが琵琶湖になったともいう。奈良時代の『常陸国風土記』などには、だいだらぼっちの名ではないが、同様の巨人の話が載っている。

分類	妖怪
伝承地域	東北から四国まで
出典	日本各地の伝承など
戦闘体長	35m

土蜘蛛

P.054

古くは朝廷に従わない人間たちのことを、土蜘蛛と呼んでいた。時代がくだると化け物としての土蜘蛛が形成され、広く知られるようになる。『平家物語』にある、源頼光による土蜘蛛退治の話が有名で、怪しい術を使うクモの妖怪として描かれている。

分類	妖怪
伝承地域	京都府など
出典	『平家物語』『土蜘蛛草紙』など
戦闘体長	8m

トーナメント

手長足長　P.068・099

手が長い手長と、足が長い足長の巨人コンビ。ふたりの関係については、兄弟とも、夫婦ともいわれ、さまざまな説がある。山に棲み、里に下りてきては悪事を働く。また船を沈めるなど、人間を襲うこともある。

- 分類 ››› 妖怪
- 伝承地域 ››› 東北など
- 出典 ››› 日本各地の伝説、昔話など
- 戦闘体長 ››› 20m

ナーガ　P.043

地域によって別の種類を指すが、インドの神話伝説では、上半身は人間で下半身はヘビとされる。天候を操作する力をもち、怒ると干魃をまねき、崇められると雨を降らせる。口からは毒液を吐くほか、ケガが治る治癒能力なども有している。

- 分類 ››› 幻獣
- 伝承地域 ››› インド、東南アジア
- 出典 ››› インド神話
- 戦闘体長 ››› 5m

バジリスク　P.069

伝承によってさまざまだが、爬虫類のような姿とも、鶏冠と羽毛、翼とヘビの尾をもつ4本足（または8本足）のニワトリであるともいわれる。相手と目を合わせるだけで石化させる能力をもつ。また、体から猛毒を撒き散らすので、周囲にいる生物も死んでしまう。

- 分類 ››› 幻獣
- 伝承地域 ››› ヨーロッパ
- 出典 ››› ヨーロッパ、中東の伝説や伝承など
- 戦闘体長 ››› 80cm

狒々　P.022・078・108

サルを大きくしたような毛むくじゃらの妖怪で、獰猛な性格をしている。人間の女性をさらって食べてしまうという。サルのような身軽さがあり、人間を投げ飛ばすほどの怪力を誇る。さらに妖力もあり、風雲に乗って山中を自在に飛び回る。

- 分類 ››› 妖怪
- 伝承地域 ››› 各地の山間部
- 出典 ››› 『和漢三才図会』など
- 戦闘体長 ››› 3m

フロストジャイアント　P.049・092・114・123

北欧神話で、神々のライバルとして戦った巨人一族。世界が終わる日に神々に戦いを挑んで、世界を破滅へ導く。たくましい体つきと鋭い牙をもち、性格も荒々しい。人間よりも高い知能を持つ者が多数おり、強力な武具を作るほか、魔法に関する知識ももつ。

- 分類 ››› 幻獣
- 伝承地域 ››› ヨーロッパ
- 出典 ››› 北欧神話
- 戦闘体長 ››› 8m

ミノタウロス　　P.023

たくましい人間の体に、ウシの頭部を持つ獣人。手をつけられないほどの暴れん坊だったため、クレタ島の迷宮に閉じ込められてしまった。性格は荒々しく、角で突いたり、突進攻撃をしかけてくる。そして、知能もあり、斧を武器として使いこなす。

分類	幻獣
伝承地域	ヨーロッパ
出典	ギリシア神話
戦闘体長	2.5m

八岐大蛇　　P.062

日本神話に登場する、8本の頭部と8本の尻尾がある大蛇。8つの谷や尾根をまたぐほど巨大で、その体には苔や木々などが生えている。日本神話の神・スサノオノミコトに倒された際、その尾から「草薙剣」という霊剣が出てきたといわれている。

分類	妖怪
伝承地域	島根県など
出典	『古事記』『日本書紀』など
戦闘体長	50m

雪女　　P.062

雪の降る日に現れる、雪を操る女性の妖怪。色白の美人で、純白の着物を着ている。冷たい息を吐いて人間を凍死させたり、精気を吸い尽くしたりする。子どもをさらったり、内臓を抜き取ったりする者もいる一方で、人間と結婚した雪女もいる。

分類	妖怪
伝承地域	全国各地
出典	小泉八雲『怪談』、各地の伝承など
戦闘体長	1.6m

リッチ　　P.055・093

魔術師が不老不滅を望み、自ら生ける屍「アンデッド」となった姿。長い年月を生きたことによる知恵や、高度な魔法知識により、強力な魔術師となった。自分の魂を封じた護符がどこかに保管されていて、これが無事なら、肉体が滅んでも何度も復活できる。

分類	幻獣
伝承地域	不詳
出典	ホラー小説など
戦闘体長	2m

龍神　　P.068・099

雨や水を司る龍を、力を持つものとしてあらわす際に龍神と呼ぶ。日照りが続くと昔の人間は、龍神に雨乞いをすることもあった。怒らせると、暴風や大洪水といった大災害を引き起こすといわれていた。龍のアゴの下には「逆鱗」という逆さに生えたうろこがある。

分類	妖怪
伝承地域	日本各地
出典	アジア各地の神話、伝承
戦闘体長	30m

トーナメント

両面宿儺　　　　P.028

『日本書紀』などに登場する怪人。飛騨国（現在の岐阜県）に棲み、ひとつの胴体にふたつの頭部があり、互いに反対を向いていたという。また千光寺（岐阜県高山市）では両面宿儺像を祀っている。地元では龍を倒した英雄として伝わっている。

分類	›››	妖怪
伝承地域	›››	岐阜県など
出典	›››	『日本書紀』『千光寺記』など
戦闘体長	›››	3m

ロック鳥　　　　P.043

見た目はワシやタカに似ているが、体があまりにも巨大な鳥。最大級のロック鳥ともなると、現代の大型旅客機よりも大きいとされ、その翼ではばたくと突風が発生する。巨大なカギ爪で何頭ものゾウをいっぺんに捕まえて、ヒナが待つ巣まで運ぶという。

分類	›››	幻獣
伝承地域	›››	中央アジア、西アジア
出典	›››	『千夜一夜物語』『東方見聞録』
戦闘体長	›››	翼開長50m

エキシビジョン・その他

隠神刑部狸	P.105	檮杌	P.060
ウェンディゴ	P.074	タロス	P.104
温羅	P.104	百目鬼	P.074
黄金の林檎	P.041	ナンジャモンジャ	P.041
鬼熊	P.075	ぬりかべ	P.121
オハチスエ	P.120	バロメッツ	P.040
火鼠	P.061	フンババ	P.121
麒麟	P.060	マンドラゴラ	P.040
刑天	P.061・120	メドゥーサ	P.075
相柳	P.061	ワーウルフ	P.105

『鳥山石燕　画図百鬼夜行全画集』	鳥山石燕（著）	／角川ソフィア文庫
『稲生物怪録』	京極夏彦（訳）、東 雅夫（編）	／角川ソフィア文庫
『日本の妖怪完全ビジュアルガイド』	小松和彦、飯倉義之（監修）	／カンゼン
『日本伝奇伝説大事典』		角川書店
『改訂・携帯版　日本妖怪大事典』	村上健司（編著）、水木しげる（画）	／角川書店
『図説　日本妖怪大全』	水木しげる（著）	／講談社+α文庫
『図説　日本妖怪大鑑』	水木しげる（著）	／講談社+α文庫
『鬼完全図鑑』	小松和彦（監修）	／東京書店
『幻獣辞典』	ホルヘ・ルイス・ボルヘス（著）、柳瀬尚紀（訳）	／河出文庫
『幻想世界の住人たち』	健部伸明、怪兵隊（著）	／新紀元社
『幻想世界の住人たちⅡ』	健部伸明、怪兵隊（著）	／新紀元社
『幻想世界の住人たちⅢ―中国編―』	篠田耕一（著）	／新紀元社
『幻想世界の住人たちⅣ―日本編―』	多田克己（著）	／新紀元社
『アポロドーロス　ギリシア神話』	アポロドーロス（著）、高津春繁（訳）	／岩波文庫
『図説ギリシア・ローマ神話文化事典』	ルネ・マルタン（監修）、松村一男（訳）	／原書房
『北欧の神話』	山室静（著）	／ちくま学芸文庫
『北欧神話物語』	K・クロスリイ・ホランド（著）、山室静、米原まり子（訳）	／青土社
『別冊宝島　伝説の神獣・魔獣イラスト大事典』		宝島社
『世界の怪物・神獣事典』	キャロル・ローズ（著）、松村一男（監訳）	／原書房
『大迫力！世界の天使と悪魔大百科』	山北篤（監修）	／西東社
『図解　悪魔学』	草野巧（著）	／新紀元社

※そのほか、多くの書籍、論文、Webサイト、新聞記事、映像を参考にさせていただいております。

【監修】
木下昌美 (きのした・まさみ)

福岡県宗像市出身、奈良県在住の妖怪文化研究家。同志社女子大学、奈良女子大学大学院にて、鬼や妖怪、説話文学を研究。卒業後は地方紙の記者を経て、フリーランスの著述家として活動している。フィールドワークを得意とし、奈良県内の妖怪の説話や伝承を収集整理した『奈良妖怪新聞』(大和政経通信社)を連載中。現在は神戸医療未来大学非常勤講師も務める。全国各地での講演や、妖怪にちなんだ地域をめぐるツアーのガイド役など、精力的な活動を続けている。

〈おもな著書ほか〉
『はっけんずかんプラス 妖怪』(監修・Gakken)、『奈良妖怪新聞』(著・大和政経通信社)、『ビジュアル図鑑 妖怪』(監修・カンゼン)、『すごいぜ!!日本妖怪びっくり図鑑』(著・辰巳出版)、『日本怪異妖怪事典近畿』(共著・笠間書院)、『妖怪めし』コミックシリーズ (監修・マッグガーデン)など多数。

幻獣&妖怪タッグ 最強王図鑑

2024年12月31日　第1刷発行

監 修	木下昌美	編集・構成	株式会社ライブ
発行人	川畑 勝		竹之内大輔／畠山欣文
編集人	芳賀靖彦	立ち絵イラスト	なんばきび
企画・編集	目黒哲也／内藤由季子	バトルコンテ	なんばきび
発行所	株式会社Gakken	バトルイラスト	七海ルシア
	〒141-8416	コラム・エキシビジョンイラスト	合間太郎
	東京都品川区西五反田2−11−8	シルエットイラスト	松尾 花
印刷所	中央精版印刷株式会社	ライティング	佐泥佐斯乃／中村仁嗣
		デザイン	黒川篤史 (CROWARTS)
		DTP	株式会社ライブ
		編集協力	相原彩乃／北村有紀／黒澤鮎見
			舘野千加子／原郷真里子／藤巻志帆佳

●お客様へ

【この本に関する各種お問い合わせ先】
○本の内容については、下記サイトのお問い合わせフォームよりお願いいたします。
　https://www.corp-gakken.co.jp/contact/
○在庫については、Tel 03-6431-1197(販売部)
○不良品 (落丁・乱丁) については、Tel 0570-000577
　学研業務センター
　〒354-0045　埼玉県入間郡三芳町上富279-1
○上記以外のお問い合わせは
　Tel 0570-056-710(学研グループ総合案内)

本書の無断転載、複製、複写 (コピー)、翻訳を禁じます。
本書を代行業者等の第三者に依頼してスキャンやデジタル化することは、たとえ個人や家庭内の利用であっても、著作権法上、認められておりません。

学研グループの書籍・雑誌についての新刊情報・詳細情報は、下記をご覧ください。
学研出版サイト https://hon.gakken.jp/

©Gakken